Das Deutsche Museum
Vorprojekt von Professor Dr. Gabriel v. Seidl

Das Deutsche Museum

von

Meisterwerken der Naturwissenschaft und Technik in München

Historische Skizze

verfaßt von

Dr. Alb. Stange

Mit einem Titelbild und 11 Text-Abbildungen

München und **Berlin**

Druck und Verlag von R. Oldenbourg

1906

Seiner Königlichen Hoheit

Dr.-Ing. Prinz Ludwig von Bayern

dem hohen Protektor des

Deutschen Museums von Meisterwerken
der Naturwissenschaft und Technik

in tiefster Ehrfurcht

gewidmet.

Vorrede.

———

Die vorliegende Schrift beabsichtigt zunächst die weiteste Oeffentlichkeit über den Zweck und die Ziele des »Deutschen Museums von Meisterwerken der Naturwissenschaft und Technik« in München aufzuklären; ich habe mich aus diesem Grunde bemüht, das mir in dankenswerter Weise von der Museumsleitung überlassene Aktenmaterial in knapper, übersichtlicher und gemeinverständlicher Darstellung zu verarbeiten, damit sich der Leser einen Begriff von der hohen Aufgabe, die das Museum erfüllen soll, machen kann. Die Abhandlung wird uns ein Bild von der Gründung, der seitherigen Entwicklung und jetzigem Stande der Sammlung vor Augen führen, welches das größte Interesse vieler Freunde der Naturwissenschaft und Technik hervorzurufen geeignet sein dürfte.

Ein weiterer Zweck soll mit der Herausgabe dieser Broschüre verbunden sein, recht viele Gönner für das Museum zu gewinnen, damit dasselbe einstens in seinem neuen Heim auf der Kohleninsel eine Sammlung repräsentiere, die dem deutschen Volk zur Ehre und anderen als Vorbild dienen kann.

An dieser Stelle sei es mir gestattet, Herrn Baurat Dr. O. v. Miller für die mir in vollem Maße erwiesene Unterstützung meinen verbindlichsten Dank abzustatten; ebenso der Verlagsbuchhandlung R. Oldenbourg, die sich eine würdige Ausstattung der Broschüre hat angelegen sein lassen.

München, im Oktober 1906.

Der Verfasser.

Inhaltsverzeichnis.

Historische Einleitung.

»Der deutschen Arbeit in Wissenschaft und Technik,
Dem deutschen Volk zur Ehr und Vorbild!«

Mit dieser Devise schloß der damalige Rektor der Technischen Hochschule zu München, Prof. Dr. v. D y c k, seine am 12. Dezember 1903 gehaltene, geistvolle Festrede: »Über die Errichtung eines Museums von Meisterwerken der Naturwissenschaft und Technik in München« anläßlich der Übernahme des ersten Wahlrektorats bei der Jahresfeier der Technischen Hochschule zu München.

Es war der 1. Mai 1903, als der geniale Schöpfer des Gedankens, ein derartiges Museum ins Leben zu rufen, der kgl. Baurat Dr. O. v. M i l l e r, ein Rundschreiben mit folgendem Wortlaut versandte:

»Als Vorsitzender des Bayerischen Bezirksvereins Deutscher Ingenieure möchte ich mir erlauben, eine Idee in Anregung zu bringen, welche, im Falle ihr die maßgebenden Persönlichkeiten sympathisch gegenüberstehen, anläßlich des in München tagenden Ingenieur-Kongresses zur Verwirklichung gelangen könnte.

Es besteht wohl kaum ein Zweifel, daß die Industrie und die technischen Wissenschaften für die ganze Welt eine stets wachsende Bedeutung gewinnen, und daß ihr Einfluß auf allen Kulturgebieten immer mehr und mehr zur Geltung kommt. Es dürfte daher wohl zu erwägen sein, ob nicht, wie für die Meisterwerke der Kunst und des Gewerbes, auch für die Meisterwerke der Naturwissenschaft und Technik eine Sammlung in Deutschland angelegt werden

sollte, wie dies bereits in Frankreich und England mit
großem Erfolg im Musée des Arts et Métiers und im
Kensington Museum geschehen ist. Es wäre gegenwärtig
wohl noch möglich, viele Instrumente und Maschinen zu
vereinigen, welche wichtige Wendepunkte in der Entwicklung der modernen Technik bezeichnen, bevor dieselben
zerstreut, verdorben oder vergessen sind. So könnten die
ersten Instrumente von Frauenhofer und Steinheil, die ersten
Telephonapparate von Reiss, die ersten Bogenlampen und
die Dynamomaschinen, die epochemachenden Versuchs-
apparate für elektrische Strahlen, die ersten Vervollkommnungen der Lokomotiven usw. in historisch bedeutungsvollen
Exemplaren oder Modellen noch beschafft werden.

Eine systematisch geordnete Sammlung würde nicht allein
ein interessantes und belehrendes Bild von der Entwicklung der Technik und den technischen Wissenschaften
geben, sondern sie würde auch dazu beitragen, die kommenden Geschlechter zu begeistern, und ferner sicher dazu
dienen, den Ruhm des deutschen Vaterlandes zu mehren.

Um dieses zu erreichen, müßte sich allerdings ein derartiges Museum von den industriellen Ausstellungen ge-
wöhnlicher Art in gleicher Art unterscheiden wie z. B. das
Nationalmuseum von einem Gewerbemuseum.

Die Oberleitung des Museums müßte einer unter staat-
licher Mitwirkung und Aufsicht gebildeten Kommission überlassen werden, so daß sich diese Sammlung gleichzeitig für
eine Ruhmeshalle für die hervorragendsten Männer der Wissenschaft und Technik gestalten würde. Es ist kein Zweifel,
daß manche deutsche Stadt solch eine Sammlung in ihren
Mauern besitzen möchte; wenn irgend möglich, sollten aber
doch diese wertvollen Erinnerungen an die technischen
Großtaten für alle Zeiten in Bayern und in München verbleiben, um zu zeigen, daß auch Bayern seit jenen Zeiten,
da die erste Bahn des Kontinents zwischen Fürth und
Nürnberg verkehrte, da die ersten telegraphischen Versuche auf der Sternwarte in München stattfanden, mit in
erster Linie unter den deutschen Staaten den Fortschritt
in Handel und Industrie zu fördern wußte. Ich glaube,
daß auch die Verwirklichung dieser Idee in München nicht

schwierig sein würde. Geeignete Räumlichkeiten wären zunächst wohl im alten Nationalmuseum oder Armeemuseum oder in der ehemaligen Augustinerkirche oder dgl. erhältlich. Die Beschaffung der Ausstellungsgegenstände wäre im jetzigen Zeitpunkt kaum mit nennenswerten Kosten verknüpft, und für die Unterhaltung der Sammlung könnten die zunächst erforderlichen Mittel durch Beiträge von staatlichen und städtischen Körperschaften, von Vereinen und aus dem Kreise der Industriellen zur Verfügung gestellt werden. Zur Sammlung von Ausstellungsgegenständen sowie zur Sicherung von Beiträgen für ein derartiges Museum würde der diesjährige Ingenieur-Kongreß in München eine günstige Gelegenheit bieten und zwar vor allem dann, wenn zu dieser Zeit unter dem Allerhöchsten Protektorate Sr. Kgl. Hoheit des Prinzen L u d w i g die bis dahin gesammelten Schätze zum erstenmale gezeigt werden könnten. Um die vorbereitenden Schritte zur Gründung eines solchen Museums — insbesondere den Entwurf einer Denkschrift, die Organisation eines etwa zu gründenden Vereins, die Bitte um Übernahme eines Allerhöchsten Protektorates usw. zunächst im engeren Kreise zu beraten, erlaube ich mir an Ew. Hochwohlgeboren die ergebenste Bitte zu richten, zu einer Besprechung am Dienstag, den 5. Mai d. J. nachmittags 4 Uhr in dem gütigst zur Verfügung gestellten Sitzungssaale der Kgl. Obersten Baubehörde, Theatinerstraße 21, gefälligst erscheinen zu wollen.

Mit der Versicherung vorzüglichster Hochachtung

zeichnet ergebenst

gez. **Oskar v. Miller,**
Vorsitzender des Bayer. Bez.-Vereins
Deutscher Ingenieure.

Zufolge dieses Rundschreibens fand die Versammlung zur Vorbesprechung betr. die Gründung eines Museums von Meisterwerken der Naturwissenschaft und Technik, an welcher 23 Herren teilnahmen, am 5. Mai 1903 statt. Nachdem Baurat O. v. Miller die erschienenen Herren begrüßt und ihnen nochmals seine Idee im Sinne obenerwähnten Schreibens entwickelt hatte, be-

gann die Diskussion, an der sich Rektor Dr. v. D y c k, Geheimrat v. H o y e r, Geheimrat Dr. v. B o r s c h t, Generaldirektor
Dr. v. E b e r m a y e r, Ministerialrat (nunmehr Verkehrsminister)
v. F r a u e n d o r f e r, Oberbaudirektor v. S o e r g e l, Geh. Rat
Professor Dr. R o e n t g e n, Professor S c h r ö t e r, Rektor Geheimrat v. W i n k e l beteiligten. Sämtliche Herren begrüßten das großartige Unternehmen auf das freudigste, und somit konnte die
Sitzung dadurch ihren Abschluß finden, indem ein provisorisches
Komitee gewählt wurde.

Dasselbe besteht aus folgenden Herren:

Vorsitzende.

Baurat Dr. O. v. M i l l e r.
Rektor Prof. Dr. v. D y c k.

I. Organisations-Ausschuß.

Ministerialrat B l a u l.
Geheimrat Dr. v. B o r s c h t.
Regierungspräsident v. E b e r m a y e r.
Ministerialrat v. F r a u e n d o r f e r.
Exz. Hofmarsch. Graf v. H o l n s t e i n.
Reichsrat Ferd. v. M i l l e r.

Ministerialrat v. R a u c k.
Generaldirektor L. R i n g e r.
Oberbaudirektor v. S o e r g e l.
Oberregierungsrat E. W e i s s.
Generalmajor Fr. W i n d i s c h.

II. Wissenschaftlicher Ausschuß.

Professor Dr. E b e r t.
Professor Dr. v. G r o t h.
Geheimrat v. H o y e r.
Professor Dr. Karl v. L i n d e.
Professor P. v. L o s s o w.
Professor Dr. O e b b e k e.

Geheimrat Dr. R o e n t g e n.
Professor M. S c h r ö t e r.
Professor Dr. v. S e e l i g e r.
Geheimrat Dr. v. W i n k e l.
Geheimrat Dr. v. Z i t t e l.

III. Technischer Ausschuß.

Kommerzienrat H. B u z, Augsburg.
Ingenieur Rud. D i e s e l.
Direktor Karl F i n c k h.
Direktor W. G y s s l i n g.
Direktor H a u s e n b l a s, Augsburg.

Direktor J. K ö g e l.
Direktor Frhr. v. P e c h m a n n.
Ministerialrat v. R a u c k.
Ingenieur Dr. Kl. R i e f l e r.
Fabrikbesitzer Dr. R. S t e i n h e i l.

Schriftführer.

J. H e i n r i c h.

Am 28. Juni 1903 vormittags 11 Uhr erfolgte im Festsaale
der Kgl. Bayer. Akademie der Wissenschaften in München unter
dem Vorsitze Sr. Kgl. Hoheit des Prinzen L u d w i g von Bayern

die Gründung des Museums von Meisterwerken der Naturwissenschaft und Technik. Nachdem Se. Königl. Hoheit die Versammlung mit einer Ansprache, in der er über die Aufgaben und Ziele des Museums sich äußerte, eröffnet hatte, wurde dem Kgl. Baurat Dr. Oskar v. Miller das Wort erteilt, welcher nachstehenden Bericht über die Vorarbeiten des provisorischen Komitees gab:

Königliche Hoheit!

Hohe Versammlung!

Am 5. Mai versammelten sich zum ersten Male hervorragende Männer der Wissenschaft und Technik sowie Vertreter der staatlichen und städtischen Behörden, um die Vorbereitungen für ein Museum von Meisterwerken der Naturwissenschaft und Technik zu treffen.

Alle waren der Ansicht, daß in einem solchen Museum der große Einfluß der wissenschaftlichen Forschung auf die Technik gezeigt, und daß in demselben die historische Entwicklung der verschiedenen Industriezweige in möglichst anschaulicher Weise durch typische Werke, deren hervorragende Bedeutung erprobt und anerkannt ist, dargestellt werden solle.

Allgemein war auch der Wunsch, daß dieses Museum eine Ruhmeshalle für die Männer werde, deren Forschungen und Arbeiten wir in erster Linie dem hohen Stand der heutigen Kultur verdanken.

Es stand außer Zweifel, daß ein solches Museum ein allgemein deutsches Unternehmen werden müsse, aber ebenso selbstverständlich war der Wunsch, gerade solch ein Werk, an dem alle Deutschen in gemeinsamen Streben mitwirken, in München zu besitzen.

Zu diesem Vorschlage, zu dieser Bitte glaubten wir uns auch berechtigt, da München nicht nur eine Stadt der Kunst, sondern seit den Zeiten eines Fraunhofer, Reichenbach, Steinheil usw. auch eine hervorragende Pflegestätte der technischen Wissenschaft ist, da die Begeisterung für den Gedanken gerade in München von Anfang an eine äußerst große war und sich nicht nur durch rege Mitarbeit an dem sofort gebildeten provisorischen Komitee sondern auch durch Zusicherung reicher Stiftungen kundgab, von welchen ich nur die erste Spende, die des Herrn Kommerzienrats Dr.-Ing. Krauß in Höhe von 100 000 M. erwähnen möchte.

Die erste Aufgabe des Komitees bestand in der Beschaffung von Ausstellungsräumen.

Durch die Gnade Sr. Kgl. Hoheit des Prinzregenten wurden dem geplanten Museum die freien Räume des alten Nationalmuseums in provisorischer Weise zur Verfügung gestellt. Dadurch ist es möglich, sofort mit der Sammlung wichtiger Werke, die bisher nur allzuoft der Zerstörung und Vergessenheit anheimfielen, zu beginnen, wenn auch für später die Errichtung eines eigenen, dem Zwecke und der Bedeutung des Museums speziell angepaßten Gebäudes vorbehalten bleibt.

Eine weitere Aufgabe war die Beschaffung eines Grundstockes von historischen Sammlungsgegenständen, an den sich sodann die bedeutenden und erprobten Meisterwerke neuerer Kunst anschließen konnten. Ein solcher Grundstock war in der Kgl. Akademie der Wissenschaften vorhanden, die schon vor Jahren auf Veranlassung Pettenkofers kostbare historische Apparate und Instrumente gesammelt hatte und diese dem neugeplanten Museum in Aussicht stellte.

Auch in vielen anderen staatlichen Instituten Bayerns befinden sich reiche Schätze, und wir erhielten die erfreuliche Zusicherung aller Kgl. Ministerien, daß diese Sammlungen dem Museum so weit als möglich zur Verfügung gestellt werden sollen.

Auch eine finanzielle Unterstützung des Unternehmens seitens der Kgl. Bayerischen Staatsregierung wurde uns zugesagt, und Se. Exzellenz der Herr Staatsminister des Äußern hat es freundlichst übernommen, unsere Wünsche und Bestrebungen bei der Leitung des Deutschen Reiches empfehlend zu vermitteln.

Wie sehr die Kgl. Bayer. Regierung dem geplanten Unternehmen gewogen ist, geht vor allem daraus hervor, daß die Herren Staatsminister Exzellenz Dr. Freiherr v. F e i l i t z s c h und Exzellenz Dr. Ritter v. W e h n e r , die obersten Leiter der industriellen Behörden und der staatlichen wissenschaftlichen Institute, sich bereit erklärten, das Ehrenpräsidium des zu gründenden Museums zu übernehmen.

Unter diesen günstigen Vorbedingungen durften wir es wagen, an Se. Kgl. Hoheit den Prinzen L u d w i g von Bayern die ehrerbietigste Bitte zu richten, er möge gnädigst das Protektorat über das neue Museum übernehmen. Se. Kgl. Hoheit genehmigte nicht nur diese unsere ehrfurchtsvollste Bitte, sondern erklärte sich auch bereit, den Vorsitz in der konstituierenden Versammlung zu führen und dadurch zu zeigen, daß Se. Kgl. Hoheit nicht nur seinen allerhöchsten Namen sondern auch seine so überaus wertvolle Mitwirkung dem patriotischen Unternehmen zur Verfügung stellt.

Nach diesen so erfolgreich beendeten Vorarbeiten haben wir uns mit der Bitte um tatkräftige Unterstützung an jene Männer gewendet, von denen wir wußten, daß sie Herz und Sinn für Wissenschaft und Technik haben.

Hunderte von begeisterten Zustimmungskundgebungen aus allen Teilen des Deutschen Reiches erfüllten uns bereits mit der zuversichtlichen Hoffnung, daß wir mit der Unterstützung weiterer Kreise rechnen dürfen. Vor allem aber wurde diese Überzeugung dadurch befestigt, daß eine überreiche Zahl hervorragender Vertreter aus allen deutschen Gauen herbeigeeilt ist, um heute die Frage zu entscheiden, ob anschließend an die Vorarbeiten das Museum gegründet werden soll, ob Sie glauben, daß dessen Durchführung möglich und für alle Zeiten dem ganzen Deutschen Reiche zum Nutzen und zur Ehre gereichen wird.

Nach diesem, mit allgemeiner Zustimmung aufgenommenen Bericht folgt eine Reihe von Sympathiekundgebungen, welche von Sr. Exzellenz dem Herrn Staatsminister des Kgl. Hauses und des Außern, Freih. v. P o d e w i l s eröffnet wurden. Außerdem sprach im Namen der Kgl. Bayer. Akademie der Wissenschaften deren Präsident, Geheimrat Dr. Ritter v. Z i t t e l, seine Freude darüber aus, daß die Konstituierung des Vereins zur Errichtung eines Museums von Meisterwerken der Naturwissenschaften und Technik in den Räumen ihres Gebäudes erfolgt. Die Akademie wird dem neuen Unternehmen ihre wärmsten Sympathien entgegenbringen und bestätige dieses schon jetzt durch Überweisung der mathematisch-physikalischen Sammlung, die eine vortreffliche historische Grundlage des neuen Unternehmens bildet, dem Deutschen Museum.

Namens des Vereins Deutscher Ingenieure, dessen Vorsitzender Dr. W. v. O e c h e l h a e u s e r ist, ergriff derselbe darauf das Wort und bemerkte, daß nicht nur die Idee der Neugründung gewissermaßen der eigensten Atmosphäre des Vereins entstammt, s o n d e r n d a ß e i n h e r v o r r a g e n d e s V e r e i n s - m i t g l i e d, d e r V o r s i t z e n d e d e s B a y e r i s c h e n B e z i r k s - v e r e i n s, H e r r B a u r a t D r. O s k a r v. M i l l e r, d i e e r s t e A n r e g u n g d a z u g e g e b e n h a t.

Der Verein begrüßt es mit besonderer Freude, daß diese Idee auf dem für unsere wissenschaftliche Technik ohnehin so fruchtbaren bayerischen Boden emporwächst und gerade die Dezentralisation unserer deutschen Kunst und Wissenschaft so lebenskräftig und vielseitig erhalten hat, und ferner ihr auch die machtvolle Unterstützung aller deutschen Fürstenhäuser, so auch die des Kgl. Hauses Wittelsbach zuführte.

Rektor Magnificus Dr. W. v. D y c k begrüßt im Namen der Kgl. Technischen Hochschule zu München in dem geplanten Museum ein neues wichtiges Glied in der bedeutsamen Reihe der Museen für Wissenschaft und Kunst, welches geschaffen von unserem Herrscherhaus, vom Staat, der Stadt und Privaten, dem Studium und Unterricht, der Erziehung des ganzen Volkes dient.

Namens des Bayerischen Gewerbemuseums in Nürnberg begrüßt dessen Direktor Kgl. Oberbaurat Professor Theodor v. K r a m e r die Errichtung des neuen Museums wärmstens; weiß ja doch gerade das Bayerische Gewerbemuseum, das seiner ganzen Organisation nach so recht mitten im gewerblichen und industriellen Leben unseres engeren Vaterlandes steht und während seines dreißigjährigen Bestehens reichlich Gelegenheit hatte, die Interessen und Bedürfnisse der gewerblichen und industriellen Kreise kennen zu lernen, die hohe Bedeutung des geplanten Unternehmens insbesondere in kultureller Beziehung, vollauf zu würdigen.

Geheimer Regierungsrat Professor R i e t s c h e l, Charlottenburg, führte namens der Jubiläumsstiftung der deutschen Industrie aus, daß die Begründung eines »Museums von Meisterwerken der Naturwissenschaft und Technik« in der gesamten technischen Welt freudigen, ja begeisterten Widerhall finden wird. Mit Recht betonte der Redner, daß die Technik zu einem mächtigen Pfeiler des Kulturlebens geworden ist, jedoch fehle ihr zurzeit noch eins: die Kenntnis, die Wissenschaft ihrer Geschichte.

Die Göttinger Vereinigung zur Förderung der angewandten Physik und Mathematik überbringt durch ihren Vorsitzenden, Direktor Dr. H. T. B ö t t i n g e r, ebenfalls ihre herzlichsten Wünsche. Sie begrüßt mit großer und aufrichtiger Freude die Errichtung des neuen Instituts und tut dies mit umso lebhafterer Genugtuung, als sie sich selbst die Aufgabe gestellt hat, die technischen Wissenschaften auf unseren deutschen Universitäten zu fördern, und dadurch auch denjenigen Männern, welche die Wissenschaft und das Lehrfach als Lebensberuf erwählen und sich demselben widmen wollen, Gelegenheit zu bieten, sich nicht nur mit den Anwendungen ihrer Wissenschaft, sondern auch mit den sich stetig steigernden Anforderungen und Bedürfnissen der Technik vertraut zu machen.

Namens der beiden Gemeindekollegien der Kgl. Haupt- und Residenzstadt München macht hierauf der I. Bürgermeister, Geh. Hofrat Dr. Ritter v. B o r s c h t, nachstehende Mitteilungen:

Hochgeehrte Herren!

In seiner letzten Plenarsitzung hat mich der Stadtmagistrat München ermächtigt, heute anläßlich der Gründung des Museums von Meisterwerken der Naturwissenschaft und Technik den Beschluß bekannt zu geben, den die beiden Gemeindekollegien in dieser für die Stadt München so überaus wichtigen Angelegenheit einstimmig und übereinstimmend gefaßt haben. Derselbe ist in Form einer Zuschrift an das vorbereitende Komitee gehalten und hat folgenden Wortlaut:

An das provisorische Komitee für Errichtung eines Museums von Meisterwerken der Naturwissenschaften und Technik.

»Mit Empfindungen aufrichtiger Freude hat die Gemeindevertretung aus Ihrem sehr geschätzten Schreiben vom 27. v. M. Kenntnis von der bevorstehenden Gründung eines Museums von Meisterwerken der Naturwissenschaft und Technik genommen, welches seine Heimstätte in München finden und vorerst provisorisch in den freien Räumen des alten Nationalmuseums eingerichtet werden soll.

Es bedarf wohl keiner besonderen Versicherung, daß die Stadt München diesem hervorragenden, gemeinnützigen Unternehmen, welches eine fühlbare, bisher bei den wissenschaftlichen Sammlungen bestehende Lücke auszufüllen bestimmt ist und des lebhaftesten Interesses nicht nur aus Fachkreisen, sondern seitens aller Gebildeten sicher sein darf, die wärmste Sympathie entgegenbringt und gerne bereit ist, die Durchführung des großartigen Projektes nach Kräften zu fördern.

Beide Gemeindekollegien haben daher unterm 17. und 19. Juni d. J. einstimmig beschlossen, dem zu diesem Zwecke zu gründenden Verein für den Fall der Notwendigkeit einer anderweitigen Unterbringung des Museums in weitgehendstem Maße entgegenzukommen, sei es, daß zu diesem Zwecke ein Teil der Kohleninsel in Aussicht genommen würde, wobei dieses Museum an die vom Bayerischen Kunstgewerbeverein ev. zu errichtenden Gebäulichkeiten angegliedert werden könnte, sei es, daß ein anderer, im Besitze der Stadtgemeinde befindlicher Platz, falls ein solcher in geeigneter Lage zur Verfügung gestellt werden kann, dem Unternehmen zu überlassen wäre.

Hiervon beehren wir uns, das provisorische Komitee ergebenst in Kenntnis zu setzen.«

München, den 24. Juni 1903.

Mit vorzüglicher Hochachtung!

Magistrat der Kgl. Haupt- und Residenzstadt München.
Bürgermeister: Dr. v. Borscht.

Indem ich diese Kundgebung der Gemeindevertretung hiermit übergebe, benütze ich mit Freuden den mir gebotenen Anlaß, um den tiefgefühltesten Dank zu sagen, vor allem Sr. Kgl. Hoheit, dem Prinzen Ludwig von Bayern, für die Übernahme des Protektorates über ein Museum, das seinen Sitz hier in München erhalten soll, und dazu bestimmt ist, die kulturelle Wohlfahrt unseres engeren und weiteren Vaterlandes, sowie das Blühen und Gedeihen unserer Stadt mächtig zu fördern; innigsten Dank der Kgl. Bayer. Staatsregierung für die vorläufige Überlassung geeigneter Räumlichkeiten, durch welche die alsbaldige

Einrichtung des Museums ermöglicht wird; Herrn Baurat Dr. Oskar v. Miller, dessen genialer Initiative der Plan zu dem großen Unternehmen entsprungen ist; all den edlen Männern, die in Betätigung eines hervorragenden Gemeinsinnes das große Werk durch namhafte Spenden gefördert haben; endlich all den Vereinen und Korporationen, namentlich den auswärtigen, die heute durch ihre Vertreter ihre Zustimmung mit der Gründung des Museums ausgesprochen und demselben bestmöglichste Unterstützung in Aussicht gestellt haben.

Mit diesem Danke verbinde ich den Ausdruck der festen Überzeugung, daß die Gemeindevertretung von München, auch wenn die Ablassung eines Platzes ihrerseits nicht in Frage kommen sollte, sich nicht mit einer platonischen Sympathieerklärung zufrieden geben, vielmehr ihre Ehre dreinsetzen wird, zu den hervorragendsten Förderern des genialen Projektes gezählt zu werden, an der Errichtung des Museums tatkräftig mitzuwirken und so wenigstens einen Teil der großen Schuld abzutragen, in der sie sich gegenüber der deutschen Ingenieurwissenschaft und Technik befindet.

Unter begeisterten Zurufen der Versammlung überreicht sodann Herr Bürgermeister Dr. v. Borscht die soeben verlesene künstlerisch ausgestattete Urkunde Herrn Baurat Dr. v. Miller.

Nach diesen Reden, die sämtlich in der Versammlung begeisterte und stürmische Zustimmung fanden, nahm Kgl. Baurat Dr. Oskar v. Miller das Wort, behufs Verlesung und Erläuterung der Satzungen, die jedoch erst provisorisch angenommen und am 28. Dezember 1903 unter Verleihung der Rechtsfähigkeit einer Anstalt des öffentlichen Rechts Allerhöchst genehmigt wurden.

Mit der Annahme der Statuten und der damit vollzogenen Konstituierung des Museums von Meisterwerken der Naturwissenschaft und Technik erklärt sich die Versammlung einverstanden, was Se. Kgl. Hoheit Prinz Ludwig von Bayern feststellt.

Nunmehr wurde zur Wahl des Vorstandes geschritten, und ergreift Se. Exzellenz der Herr Staatsminister Freiherr v. Feilitzsch das Wort zu folgenden Ausführungen:

›Da Sie durch die soeben erfolgte Annahme der Satzungen die beiden Staatsminister des Innern beider Abteilungen zu Ehrenpräsidenten erwählt haben, obliegt es mir, Ihnen sowohl in meinem Namen, als auch in dem meines Herrn Kollegen, des Kultusministers, für die Ehre und das Vertrauen zu danken, das Sie hierdurch sowohl uns, als auch unsern Nachfolgern im Amte erwiesen haben. Es wird den beiden Staatsministern des Innern stets eine Freude sein, an dem bedeutenden Werke mitzuarbeiten, und wir werden auch redlich bestrebt sein, dieser Aufgabe zu genügen.

Sie, meine Herren, haben nunmehr die Verwaltungsorgane des Museums zu wählen.

Nach der Tagesordnung fällt mir die Aufgabe zu, Ihnen die Wahl des Vorstandes in Vorschlag zu bringen, und möchte ich auf Grund der Vorbesprechungen als Mitglieder des Vorstandes vorschlagen:

1. den Erfinder des großen Gedankens, Herrn Kgl. Baurat Dr.-Ing. Oskar v. M i l l e r ,
2. den Rektor der Techn. Hochschule, Herrn Dr. Walter v. D y c k ,
3. Herrn Professor Dr. Karl v. L i n d e , München.

Daß sämtliche drei Herren Münchener sind, dürfte insofern gerechtfertigt sein, als ja der Vorstand dazu berufen ist, die Geschäfte des Museums unmittelbar zu führen, und es deshalb wohl angezeigt sein dürfte, daß diese Herren am Sitze des Museums ihren Wohnsitz haben.‹

Der Vorschlag bezüglich der Vorstandsmitglieder wird mit großem Beifall angenommen, worauf Se. Exzellenz der Herr Staatsminister Dr. v. W e h n e r das Wort ergreift, um zunächst auch seinerseits für die Wahl zum Ehrenpräsidenten zu danken und sodann diejenigen Mitglieder des Vorstandsrates vorzuschlagen, welche von der Versammlung zu wählen sind.

Der Herr Staatsminister führt aus, daß in den Vorstandsrat des Museums jedenfalls erste Vertreter der Wissenschaft und Praxis berufen werden müßten, Männer von großem Einfluß und hervorragender Stellung in der Wissenschaft, der Technik oder der Industrie, welche hierdurch geeignet seien, die Ziele des Museums zu fördern.

Unter diesen Gesichtspunkten war die Wahl der Vorstandsratsmitglieder vorzuschlagen.

Die bezügliche Liste wird verlesen und die Wahl jedes einzelnen Vorstandsmitgliedes mit großem Beifall angenommen. Die Ergänzung des Vorstandsrates durch Zuwahl bleibt satzungsgemäß vorbehalten.

Nach Vorschlag des Herrn Generaldirektors Dr.-Ing. v. O e c h e l h a e u s e r werden ferner gewählt:

Als Vorsitzende des Vorstandsrates die Herren:

Kgl. Baurat Dr.-Ing. Anton R i e p p e l , Nürnberg.
Geheimrat Prof. Dr. Wilhelm Konrad R ö n t g e n , München.
Wilhelm v. S i e m e n s , Berlin.

zu Schriftführern die Herren:
Ingenieur Rudolf Diesel.
Wilhelm Freiherr v. P e c h m a n n.
Professor Moritz S c h r ö t e r, sämtlich in München.

Schließlich erfolgt nach dem Vorschlage des Herrn Professor Dr. v. L i n d e die Wahl des Ausschußes, wobei Herr Professor Dr. v. L i n d e darauf hinweist, daß für die Aufstellung dieser Liste die gleichen Grundsätze wie für die Mitglieder des Vorstandsrates maßgebend gewesen seien.

Die Liste wird verlesen und die Wahl jedes einzelnen unter großem Beifall vollzogen.

Ergänzungen des Ausschusses durch Zuwahl seitens des Vorstandsrates sind satzungsgemäß vorgesehen.

Nachdem hiermit sämtliche Wahlen vollzogen, richtet Se. Kgl. Hoheit Prinz L u d w i g von Bayern folgende Schlußworte an die Versammlung:

M e i n e   H e r r e n !

Es erübrigt mir nach Konstituierung des Vereins nur noch, einige Worte des Dankes an Sie alle zu richten und dabei meinem Wunsche Ausdruck zu geben, daß das Museum das halten möge, was es vorhat. Es ist schwer, etwas zu beginnen, schwerer aber es durchzuführen. Nicht nur retrospektiv, wie es von einer Seite aufgefaßt wurde, sondern der Gegenwart und der Zukunft gedenkend soll es sein. Wir sollen das, was unsere Vorfahren in der Technik geleistet haben, uns vor Augen halten, indem wir deren Meisterwerke bewahren, es soll aber ebenso das, was die Gegenwart schafft, in den besten Exemplaren im Museum vertreten sein, sei es durch Originale, durch Modelle oder durch Schriften. Wir müssen jederzeit das Beste dem Museum anzugliedern suchen. Wir müssen aber auch bestrebt sein, dem Museum im ganzen Deutschen Reiche bei allen Berufsklassen, nicht nur speziell bei den Technikern, Freunde zu erwerben, und damit möchte ich mich nicht zum wenigsten an die Künstler wenden.

Technik und Kunst scheinen ja manchmal miteinander in Widerspruch zu stehen. Aber es ist gar nicht ausgeschlossen, daß das, was die Technik leistet, nicht nur praktisch, sondern auch schön ist, und auf der anderen Seite müssen Kunstwerke nicht unpraktisch sein. Damit soll nicht gesagt sein, daß historisch merkwürdige Sachen, nur weil sie vielleicht etwas unbequem sind, beseitigt werden sollen; nur schlechte Sachen sind gewiß nicht nachzuahmen.

Einen ganz besonderen Dank habe ich noch auszusprechen. Es ist ja eine bekannte Sache, daß in jedem Lande eine gewisse Eifersucht gegenüber der Hauptstadt besteht, die bewirkt, daß in den Provinzstädten vielfach gewünscht wird, daß neue Museen in diese kommen.

Ich habe gewiß nichts dagegen, daß in den Provinzstädten, wo Museen sind, diese erhalten bleiben, aber damit ist nicht ausgeschlossen, daß auch in der Hauptstadt solche Museen erhalten und wie in diesem Falle mit anerkennenswerter und erfreulicher Zustimmung gerade der Provinzstädte neu geschaffen werden.

Aber noch etwas habe ich zu sagen, was speziell die Herren betrifft, welche nicht aus Bayern sind. Diesen danke ich ganz besonders, daß sie hierhergekommen sind und sich damit einverstanden erklärt haben, daß in Bayerns Hauptstadt, in der größten Stadt im Süden des Reiches, dieses Museum gegründet wird.

Daß wir keine speziell partikularistische Stiftung damit machen wollen, das haben Sie ersehen aus den Namen, die dem Museum angehören sollen. So schließe ich denn, wie ich schon eingangs gesagt habe, mit dem Wunsche, daß das neue Museum zunächst der Stadt, in der es gegründet worden ist, dann dem Lande, dem Deutschen Reiche und der ganzen Menschheit zugute kommen möge.

Nach dieser mit großer Begeisterung aufgenommenen Ansprache erhält Herr Wilhelm v. Siemens das Wort zu nachstehenden Dankesworten:

Königliche Hoheit!

Hohe Versammlung!

Nachdem die Konstituierung unseres »Museums von Meisterwerken der Naturwissenschaft und Technik« nunmehr stattgefunden hat und die verschiedenen Ämter besetzt sind, liegt es dem jungen Sprößling ob, seine ersten Schritte im praktischen Leben zu unternehmen. Und da sind es die Empfindungen großer Dankbarkeit, welche uns aus diesem Anlaß bewegen.

In erster Linie gedenken wir mit ehrfurchtsvollem Danke der warmen, landesväterlichen Fürsorge, welche Se. Kgl. Hoheit der Prinzregent wie allen idealen, dem Wohle des Vaterlandes gewidmeten Unternehmungen in so reichem Maße auch dem unsrigen gewidmet hat, und welche zu gleicher Zeit auch den festen Grund bildet für die Zuversicht, welche uns beim Beginn unserer Arbeit erfüllt.

Eine ganz besondere Ehre ist uns ferner dadurch zuteil geworden, daß Se. Kgl. Hoheit Prinz Ludwig von Bayern die Gnade gehabt hat, das Protektorat über unser Werk zu übernehmen, und daß er auch die Konstituierung desselben persönlich in die Wege zu leiten geruht hat. Mit unserem ehrfurchtsvollen Danke verbinden wir jedoch die Gewißheit, daß das deutsche Volk überall da, wo es sich um eine seiner wichtigsten Lebensfragen: um die Weiterentwicklung von Naturwissenschaft und Technik handelt, auf Eure Kgl. Hoheit blicken darf als den allezeit bereiten Freund und Helfer.

Die uns gestellten Aufgaben und Ziele sind so schöne und bedeutungsvolle, daß sich hierdurch die allgemeine Sympathie erklären läßt, welche von Anfang an in weiten Kreisen hervorgetreten ist. Insbesondere dürfen wir uns aber glücklich schätzen, daß uns diese Sympathie und zugleich die bereitwilligste Unterstützung auch von seiten der hohen Kgl. Bayer. Staatsministerien in so reicher Weise zuteil geworden ist, und daß diese so erfreuliche und dankenswerte Mitwirkung in und für unseren Verein auch in Zukunft wirksam bleiben soll.

Dankbar haben wir uns auch zu vergegenwärtigen, daß die Kgl. Bayer. Akademie der Wissenschaften mit ihrem hohen und glänzenden Namen ein Leitstern für uns sein will, und indem wir uns auf diese Gönnerschaft berufen können, werden wir auch durch die verschlossensten Türen Eingang finden zu den sorgfältig gehüteten Schätzen.

Daß es unserem Unternehmen vergönnt sein soll, gerade in München sein dauerndes Heim zu errichten, gewährleistet demselben jedenfalls seine äußere künstlerische und vollendete Gestaltung. Und wir haben mit Freude vorhin von dem Herrn Bürgermeister gehört, daß es nicht nur platonische Liebe sein soll, welche die kommunalen Körperschaften aus dieser Veranlassung betätigen wollen. Gleichzeitig wird unserem Unternehmen aber auch hier für die ideale Schöpfungen so reine und zuträgliche Lebensluft gewährt. Der Genius loci, der gerade in München in so eindringlicher Weise zu uns spricht, wird auch auf unserem Museum mit seinem vollen Segen ruhen und es zu der einst so berühmten Stätte und zu dem Wallfahrtsorte machen, wie es seinen Begründern vorgeschwebt haben mag.

Und somit komme ich schließlich zu diesen Begründern und zu dem provisorischen Komitee, dessen Tätigkeit in dieser Stunde und mit so großem Erfolg seinen natürlichen und gewollten Abschluß gefunden hat.

Ich glaube, die Begründer dürfen stolz sein auf ihr Werk. Und wenn wir uns einen Augenblick im Zweifel befinden, so geschieht es nur deshalb, weil wir nicht wissen, ob wir mehr der Konzeption des ganzen Planes oder der Energie der geschickten Durchführung unsere Anerkennung zu widmen haben.

Aber in dem Punkte schwindet für uns jeder Zweifel, daß das provisorische Komitee sich einen dauernden Anspruch erworben hat auf unser aller herzliche Dankbarkeit.

Kgl. Baurat Dr.-Ing. A. Rieppel:

Aus den Darlegungen der Herren Vorredner haben wir ersehen, welch großer Wert dem neu zu gründenden Museum für die Förderung der Wissenschaften übereinstimmend zugesprochen wird. Bei dem teilweisen Mangel Deutschlands an Rohstoffen war das Aufblühen der heimischen Industrie nur dadurch möglich, daß sie sich durchaus auf die Wissenschaften stützte. Auch eine günstige Fortentwicklung unseres industriellen Erwerbslebens ist nur auf dieser Basis denkbar.

Die Gründung des neuen Museums, das also nicht nur den Wissenschaften, sondern in nicht minder hohem Maße dem gesamten Erwerbsleben zugute kommt, war aber nur dadurch möglich, daß Se. Kgl. Hoheit, unser allergnädigster Prinzregent, dem neuen Unternehmen nicht nur volle Sympathie entgegenbrachte, sondern die zeitweilige Überlassung der Räume des alten Nationalmuseums verfügte. Hierfür schulden wir tiefsten Dank, und beantrage ich, diesen durch Entsendung einer

Deputation an Se. Kgl. Hoheit den Prinzregenten

zum Ausdruck zu bringen.

Dieser erste an den Verein gerichtete Antrag wird unter begeisterten Zurufen der Versammlung angenommen.

Hierauf nimmt Herr Geheimrat Dr. Röntgen das Wort:

Der Gedanke der heutigen Gründung stammt aus München und aus dem Kopfe eines echten Bayern. Es ist aber die ausgesprochene Absicht und aller Wunsch, daß die Tätigkeit des Vereins sich ausbreite auf das ganze deutsche Land. In den idealen Zielen, welche das Unternehmen im Auge hat, sind wir einig mit einem Fürsten, der es sich unablässig angelegen sein läßt, für das Wohl und das Gedeihen sowie für das Ansehen des deutschen Volkes zu wirken, mit Sr. Majestät dem Deutschen Kaiser.

Wir sind überzeugt, daß es ihm Freude machen wird, zu erfahren, daß unser Museum gegründet wurde, und daß wir in ihm einen gnädigen Förderer unserer Ziele finden. Ich beantrage daher folgende Depesche an Se. Majestät den Deutschen Kaiser zu senden:

An des Deutschen Kaisers Majestät, Kiel.

Von Vertretern der Wissenschaft und der Technik aus allen deutschen Gauen ist heute gelegentlich der Hauptversammlung des Vereins Deutscher Ingenieure die Gründung eines Vereins in Gegenwart des höchsten Protektors, Sr. Kgl. Hoheit des Prinzen Ludwig von Bayern, dahier vollzogen worden.

Der Verein stellt sich die Aufgabe der Errichtung eines deutschen Museums für Meisterwerke der Naturwissenschaft und Technik.

In der freudigen Gewißheit, daß alles, was der Ehre und dem Interesse des gemeinsamen deutschen Vaterlandes gewidmet ist, auf die Förderung Eurer Majestät hoffen darf, vereinigen sich die Versammelten zu der ehrfurchtsvollen Bitte, Euere Majestät möchten dem neuen Unternehmen die für sein Gedeihen so bedeutungsvolle Kaiserliche Huld und Anteilnahme nicht versagen.

Die Ehrenpräsidenten des deutschen Vereins Museum von Meisterwerken der Naturwissenschaft und Technik.
Dr. Freiherr v. Feilitzsch, Kgl. Staatsminister des Innern. **Dr. v. Wehner,** Kgl. Staatsminister des Innern für Kirchen- und Schulangelegenheiten.

Der Vorstand.
Dr.-Ing. **Oskar v. Miller,** Kgl. Baurat, München. **Dr. Walter v. Dyck,** z. Z. Rector Magnificus der Kgl. Technischen Hochschule, München.

Die Vorsitzenden des Vorstandsrates.
Dr.-Ing. **Anton Rieppel,** Kgl. Baurat, Nürnberg. Kgl. Geheimrat **Dr. Wilhelm Röntgen,** Professor, München. **Wilhelm v. Siemens,** Berlin.

Mit einem begeisterten von Sr. Kgl. Koheit dem Prinzen
L u d w i g von Bayern ausgebrachten Hoch auf Se. Kgl. Hoheit den
Prinzregenten und auf Se. Majestät den Deutschen Kaiser wird hierauf die Versammlung um 1 Uhr mittags geschlossen, worauf sich
die anwesenden Teilnehmer noch in das Mitgliederbuch eintrugen.

Die denkwürdige konstituierende Sitzung des »Museums von
Meisterwerken der Naturwissenschaft und Technik« fand ihren
feierlichen Abschluß in einer festlichen Tafel, zu welcher Se.
Kgl. Hoheit Prinzregent L u i t p o l d von Bayern aus allen deutschen Landen die Männer geladen hatte, die sich um die Gründung des vaterländischen Unternehmens besondere Verdienste
erworben hatten, und auf deren wertvolle Mitwirkung für das
Museum auch in Zukunft gerechnet wird.

Bei dieser Festtafel, an welche sich alle Beteiligten stets
dankbar erinnern werden, nahm Se. Kgl. Hoheit Veranlassung,
Allerhöchst Sein besonderes Interesse für das neugegründete
»Museum von Meisterwerken der Naturwissenschaft und Technik«
in einer mit allgemeiner Begeisterung aufgenommenen Ansprache
zum Ausdruck zu bringen.

Am Freitag, den 11. Juli 1903, haben Se. Majestät der
Deutsche Kaiser auf das Telegramm der konstituierenden Versammlung zur Gründung des »Museums von Meisterwerken der
Naturwissenschaft und Technik« nachstehende huldvolle Antwort
ergehen lassen:

An die Ehrenpräsidenten, den Vorstand und den Vorstandsrat des Deutschen Vereins Museum von Meisterwerken der
Naturwissenschaft und Technik, zu Händen des Kgl. Staatsministers **Freiherrn v. Feilitzsch, Exzellenz** München.

Die Mitteilung über den in Gegenwart Seiner König-
lichen Hoheit des Prinzen Ludwig gefaßten Beschluß der
Begründung eines Vereins zur Errichtung eines Deutschen
Museums von Meisterwerken der Naturwissenschaft und
Technik begrüße Ich mit Befriedigung.

Ich verspreche Mir von dem neuen Museum eine wesentliche Förderung der deutschen Naturwissenschaften und
Technik, die ja schon jetzt in der ganzen Welt eine so hoch-
angesehene Stellung einnehmen. Gerne werde Ich dem von
so bewährten Männern ausgegangenen vaterländischen Unternehmen Mein besonderes Interesse zuwenden und weitere
Mitteilungen über die Entwicklung des Vereins entgegen-
nehmen. **Wilhelm I. R.**

Die Ehrenpräsidenten, der Vorstand und der Vorstandsrat haben Seiner Majestät dem Deutschen Kaiser sofort für das gnädigst zum Ausdruck gebrachte Allerhöchste Interesse, das dem neuen vaterländischen Unternehmen eine glückliche Zukunft sichert, den alleruntertänigsten Dank telegraphisch erstattet.

Nachdem am 28. Juni 1903 die Gründung des Museums erfolgt war und wir über diese Sitzung ausführlichen Bericht erstattet haben, erübrigt es uns, auf die Zwecke und Ziele des neuen Museums näher einzugehen.

Professor Dr. Walter v. Dyck behandelte, wie schon erwähnt, anläßlich der Festrede zur Übernahme des ersten Wahlrektorats bei der Jahresfeier der Technischen Hochschule zu München das Thema: »Über die Errichtung eines Museums von Meisterwerken der Naturwissenschaft und Technik in München.«

Er führte folgendes aus:

Die Technischen Hochschulen stehen den Grundgedanken, welche im Museum zur Verwirklichung kommen sollen, besonders nahe, denn ihre Bestimmung liegt in derselben Richtung einer Vereinigung der Lehr- und Forscherarbeiten auf naturwissenschaftlichem und technischem Gebiete, die auch in den Aufgaben des Museums in den belehrenden Vorführungen und darlegenden Objekten und in der Bearbeitung der daran sich anschließenden wissenschaftlichen Fragen enthalten sind. Redner will nicht mit seiner Rede den im Werden begriffenen organisierten Plan beleuchten, sondern sich vielmehr darauf beschränken, die Aufgaben, die das Museum zu erfüllen hat, und die Erwartungen, die sich an dasselbe knüpfen, zu bezeichnen. Als Vorbild für das neu zu errichtende Museum bezeichnet Dr. v. Dyck zunächst das Conservatoire des Arts et Métiers in Paris. Der Gedanke, welcher zur Errichtung dieses Museums geführt hat, geht auf Descartes und auf die 30iger Jahre des 17. Jahrhunderts zurück, Descartes trug sich mit dem Plane, Lehrwerkstätten für die verschiedenen Gewerbe einzurichten, eine jede verbunden mit einer Sammlung der dazu gehörigen Apparate und Instrumente. Mathematiker und Physiker sollten berufen werden, um praktische und theoretische Anweisungen zu geben und damit zu neuen Erfindungen anzuregen. Leider dauerte die Verwirklichung des Projektes mehr als ein Jahrhundert. Die Akademie der Wissenschaften wendete im Jahre 1666 diesem Unternehmen

das größte Interesse zu, denn teils waren diese Akademiker
selbst an den Erfindungen beteiligt, teils waren die Maschinen
zur Prüfung eingesandt. Nach der von Descartes gedachten
Richtung einer Darstellung eines gewerblichen und industriellen
Betriebes hat dies Werk in den »Descriptions des arts et métiers
faites ou approuvées par Messieurs de l'Académie royale des
Sciences«, die von 1761—1768 in 27 Foliobände erschienen,
eine Fortsetzung und Erweiterung erhalten, die für die Geschichte
der Industrie von großem Interesse ist. Unter Ludwig XVI.
kam im Jahre 1775 ein umfassende öffentliche, für den gewerblichen Unterricht bestimmte Sammlung von Maschineninstru-
menten und Werkzeugen der Industrie durch den genialen Vaucanson zustande, der außer durch seine zahlreichen technischen
Erfindungen besonders auch durch seine Automaten sehr bekannt
geworden ist. 1782 hinterließ sie Vaucanson seinem Könige; derselbe hatte ein besonderes Interesse an derselben dadurch be-
wiesen, daß alle Erfindungen, welche ihrer Bedeutung nach für
würdig zur Ermutigung und Belobung zu halten seien, in diese
Sammlung aufgenommen werden sollten. Unter der Leitung
Vandermondes, welcher zum Konservator dieses ersten technischen
Museums ernannt wurde, entwickelte sich das Institut zusehends.
Dasselbe hatte in den Jahren 1783—1792 einen Zuwachs von
mehr als 300 Maschinen aufzuweisen. Bezeichnend ist, daß die
französische Revolution das Museum unberührt ließ. Sie gab
vielmehr den Anstoß zu einer Erweiterung und wichtigen Neu-
organisation der Sammlungen. Der damals vom Nationalkonvent
eingesetzten Commission temporaire des arts, die neben Vander-
monde noch Conté und Leroy zu ihren Mitgliedern zählte, verdankt
Frankreich die Erhaltung zahlreicher Kunstschätze, die heute
den Reichtum seiner Museen bilden, und die damals beim Um-
sturz der Verhältnisse verkauft und verschleudert wurden. Die
Zeit der Eroberungskriege Napoleons brachten auch diesem,
wie den anderen Museen neuen Zuwachs. Damals wurde die
Sammlung in den Räumen des alten Klosters Saint Martin des
Champs untergebracht, in welchem sie sich auch heute noch
befindet. Die ersten größeren Industrieausstellungen der Jahre
1806 und 1810, mit denen Frankreich zur Förderung seiner
Industrie allen übrigen Staaten des Kontinents voranging,
brachten ebenfalls neue Bereicherungen, ferner wurde 1807 die

schon besprochene Sammlung der Akademie mit dem Conservatoire vereinigt, wozu noch die Uhrensammlung von Berthoud, das reichhaltige Kabinett des Physikers Charles hinzukam. Dadurch, daß das Museum dem Unterrichte in höherem Maße als vordem dienstbar gemacht wurde, gewann dasselbe besondere Bedeutung. Man verband mit der Anstalt eine mittlere technische Schule hauptsächlich für tüchtige, junge Handwerker, in welcher neben den Elementen der Mathematik und Physik besonders technische Mechanik und Maschinenkunst, architektonisches und technisches Zeichnen betrieben wurde. 1810 zählte die Schule bereits 300 Schüler. Im Jahre 1819 wurden öffentliche Hochschulkurse geschaffen, mit Vorträgen über die Anwendung der Naturwissenschaften, Industrie und Handel. Hier lehrten Charles, Dupin: Mechanik; Pouillet: technische Physik; Berthollet, Gay Lussac, Arage, Poncelet gehörten dem Beirat des Museums an. Mehr und mehr kam dann auch die Anwendung der Sammlungen der historischen Gesichtspunkte zum Ausdruck, und so gibt die heutige Aufstellung ein umfassendes Bild von der Gesamtentwicklung der Industrie und Technik, in welchen interessante Maschinen und Modelle, besonders der hydraulischen und die Dampfmaschinen, die Entwicklung der Industrien, der Landwirtschaft und der Gewerbe zur Anschauung bringen.

Das South Kensington Museum tritt uns im modernen Gewande des 19. Jahrhunderts entgegen. Die großen naturwissenschaftlichen technischen Sammlungen in South Kensington, die heute unter dem Namen »Victoria and Albert-Museum« vereinigt sind, verdanken ihre Entstehung und wesentlichste Ausgestaltung in erster Linie zwei großen Ausstellungen in London vom Jahre 1851 und 1876. Die »Gesellschaft zur Förderung von Kunst, Industrie und Handel«, welche im Jahre 1754 gegründet wurde, hatte seit ihrem Bestehen Preisbewerbungen für technische und industrielle Erzeugnisse eröffnet und mit ihnen Ausstellungen der eingesandten Objekte verbunden. Ein interessanter Katalog des Jahres 17'8 über eine derartige Ausstellung, von dem geistlichen Rat Ildefons Kennedy auf Veranlassung des Kurfürsten Max Joseph III. von Bayern in das Deutsche übertragen, gibt uns genauen Aufschluß über die ersten Arbeiten der Gesellschaft. Die Londoner Gesellschaft entschloß sich später, nachdem sie durch verschiedene Gewerbeausstellungen in Frankreich 1798, Deutschland 1817, Kassel 1844 zu größeren Unternehmungen angespornt war, die Vorbereitungen für eine allgemeine Ausstellung in die Hand zu nehmen, an der sich Technik, Industrie und Handel der ganzen Welt beteiligen sollten. Der Prinzgemahl Albert hat sich durch die Förderung dieses Unternehmens das größte Verdienst erworben, denn die glänzenden Erfolge dieser Weltausstellung des Jahres 1851 hatten seine Bemühungen im vollsten Maße gerechtfertigt. Der Überschuß der Ausstellungseinnahmen führte zur Errichtung eines in erster Linie der Kunst und dem Kunstgewerbe dienenden Museums, an welchem sich die Sammlungen und Institute des heutigen »South Kensington« anschlossen. Vor allem waren es drei dem Unterrichte dienende Sammlungen, welche zu einer Erweiterung des Museums führten. Die 1837 gegründete Bergbauschule mit einem geologischen Museum, dann eine chemische Schule und vor allem die 1864 in South Kensington gegründete Schiffsbauschule mit einer reichhaltigen Sammlung von Modellschiffen und Schiffsmaschinen. Im Jahre 1867 wurde ein besonderes Museum für Maschinentechnik angelegt und unabhängig von diesem eine Sammlung von Modellen aller Art, die, rasch angewachsen, im Jahre 1883 gleichfalls in das Kensington Museum aufgenommen wurde. Die ganze Ausstellung, an der die Regierungen, die wissenschaftlichen und technischen Institute wie die Fachgelehrten und Techniker von ganz Europa einen hervorragenden Anteil haben, ist ganz nach historischem und wissenschaftlichem Gesichtspunkte geordnet und ergibt insbesondere für die Naturwissenschaft, infolge der dort angestellten vergleichenden Beobachtungen, wie durch die zahlreich im Anschluß an die Ausstellung veröffentlichten Studien ein reiches wissenschaftliches Erträgnis. Das Museum ist ebenfalls im besonderen Maße dem Unterrichte dienstbar gemacht worden, zunächst für Lehrer der Naturwissenschaften durch Anschluß der »Normal school of science«, dann durch Bildung des »Royal College of science« und der Vereinigung vereinzelter Institute, welche gegenwärtig den Hochschulunterricht für die verschiedenen Zweige der Naturwissenschaft umfaßt. Es würde zu weit führen, wenn wir auf die hervorragende Rede des Rektors weiter eingehen wollten, hervorgehoben mögen nur noch sein die lichtvollen Ausführungen über die Verhältnisse in Deutschland im 16. und 17. Jahrhundert, des 18. und der ersten Hälfte des 19. Jahrhunderts und der zweiten Hälfte des 19. Jahrhunderts. Der ganze Vortrag ist in einer Sonderausgabe erschienen.[1]) Der Schluß seines Vortrages behandelt die Aufgaben des Münchener Museums, bei deren Ausführungen wir noch etwas verweilen wollen.

Das »Conservatoire des Arts et Métiers« in Paris ist zu Ende des 18. Jahrhunderts gegründet worden, in erster Linie um die Bedeutung der technischen Errungenschaften und ihre Beziehungen zu Handel, Gewerbe und Industrie vor Augen zu führen und durch volkstümliche Unterrichtskurse technische Kenntnisse zu verbreiten. Die um die Mitte des 19. Jahrhunderts begonnene Sammlung des Kensington Museums hat in ihrer Entwicklung die gewaltigen Leistungen Englands auf dem Gebiete der Maschinenindustrie zu glänzender Vorführung gebracht, ohne daß versucht worden wäre, diese Teile der Sammlung in eine engere Beziehung zu bringen zu den bedeutenden mathematischen naturwissenschaftlichen Sammlungen des Museums. Der Zweck des in München zu errichtenden Museums von Meisterwerken der Naturwissenschaft und Technik wird im § 1 der Satzungen folgendermaßen zum Ausdruck gebracht:

»Zweck des Museums soll sein, die historische Entwicklung der naturwissenschaftlichen Forschung der Technik und der Industrie in ihrer Wechselwirkung darzustellen und ihre wichtigsten Stufen durch hervorragende und typische Meisterwerke zu veranschaulichen. Was die geschichtliche Bedeutung des Museums betrifft, so haben vor allen Dingen historische bedeutsame Originalapparate, Maschinenerstlingsentwürfe, Skizzen und Berechnungen, Aufzeichnungen erster Versuchsreihen deren Durchführung eine neue Erkenntnis des inneren Zusammenhanges von Erscheinungen mit sich gebracht haben, den ersten Platz einzunehmen.«

Und mit Recht betont v. D y c k, daß ein Museum, das sich die Darlegung der in Jahrhundert langer Arbeit gewonnenen Errungenschaften die Naturwissenschaft und Technik zum Ziele gesetzt, in dem Umfange seiner gesamten Darlegungen international sein müsse. Wie an dem gemeinsamen Bau in

---

[1]) Verlag: G. B. T e u b n e r, Leipzig.

gleicher Weise, wenn auch in charakteristischer Eigenart, die
besten Kräfte aller Nationen gearbeitet haben, da aber, wo es
sich um die Originale handelt, in dem uns mit den ersten
leitenden Gedanken, mit dem besonderen Charakter seines
Werkes die Persönlichkeit des Forschers näher tritt, da soll das
Museum vor allen anderen ein deutsches, ein nationales sein.
Ferner müssen Richtung und Geschmack der Zeit zum vollen
Verständnis der Leistungen einer Epoche im Museum ihren
Ausdruck finden, und so gehört denn auch das wunderliche
Beiwerk zum Charakter der Laboratorien und Kunstkammern
des 17. und 18. Jahrhunderts, welches im Gegensatz so klar
und zweckbestimmend unserer modernen Apparate tritt. Vor
allen Dingen wird das Studium der Geschichte der Wissenschaften eine höhere Bedeutung für die Fortentwicklung der
Wissenschaft selbst haben, und somit gelangen wir zu einer
neuen Aufgabe, welche über den unmittelbaren Ausbau des
Museums und die eindringliche Darlegung seines Inhaltes hinaus-
ragend uns erschließt geschichtliche Studien und Anschluß an
die Darbietungen des Museums. So wird auch nach einer wichtigen Seite der Inhalt des Museums sich erweitern durch die
wissenschaftlichen Arbeiten, die sich an dasselbe anschließen,
also in großen Zügen gesagt:

Das Museum umfaßt nicht nur die Sammlungen historischer
und aktueller Werke der Forschungen und Erfindungen auf
naturwissenschaftlichem und technischem Gebiete, es umfaßt als
ein lebendiger Organismus alle seine Glieder, die zu gemeinsamer Betätigung sei es für die Sammlung der Objekte selbst, sei
es für deren anknüpfenden wissenschaftlichen Arbeiten sich zu-
sammenfinden. Große astronomische, geologische, meteorologische,
physikalische Aufgaben werden in gemeinsamer organisierter Arbeit gefördert, wie die Technik in ihren großen Vereinen und
Verbänden umfassende Aufgaben zur Durchführung bringt.

Rektor Dr. v. Dyck schließt seine hervorragende Festrede mit
den Worten: »Möge es in einem sichtbaren Museum wie in den
unsichtbaren Verbindungen, die das gemeinsame Wirken um alle
seine Glieder schlingt, seiner hohen Aufgabe gerecht werden:

**Der Deutschen Arbeit in Wissenschaft und Technik,
dem deutschen Volk zur Ehr und Vorbild.**

Am Dienstag, den 28. Juni 1904 hat in München die erste
Ausschußsitzung des Museums von Meisterwerken der Naturwissenschaft und Technik[1]) unter dem Vorsitz Sr. Kgl.
Hoheit des Prinzen Ludwig von Bayern und unter zahlreicher Beteiligung von mehr als hundert hervorragenden Vertretern der
Staats- und Gemeindebehörden, der Wissenschaft und der Industrie stattgefunden. Die Sitzung wurde im Festsaal der Akademie der Wissenschaften abgehalten.

Als erster Redner begrüßte Geheimrat Dr. K. v. Heigel
namens der Akademie der Wissenschaften »die Männer, die ihre
ganze Kraft in den Dienst einer Idee stellen wollen, einer Idee,
die in dem Wahrspruche der Akademie: ‚Rerum cognoscere
causas' wurzle.«

In diesem Saale — führte er aus — berichtete Reichenbach
zuerst über seine Soleleitung, Fraunhofer über seine Fernrohre,
Steinheil über seine Erfindungen auf dem Gebiete der Telegraphie, Ohm über seine galvanische Kette. Der genius loci,
dem es entspreche, die wissenschaftliche Forschung nicht nur
als Mittel zum Zweck, sondern auch um ihrer selbst willen zu
betreiben, möge die Beratungen des Ausschusses schirmen und
leiten.

Ministerpräsident Freiherr v. Podewils begrüßte die Versammlung namens der Kgl. Bayerischen Staatsregierung, indem
er an die Begründung des Museums im vorigen Jahre erinnerte
und hervorhob, daß inzwischen das aus der Begeisterung des
deutschen Volkes geborene Unternehmen bis zu gesicherter
Verwirklichung gediehen sei. Dabei gedachte er dankend der
lebhaften Teilnahme Sr. Majestät des Kaisers und der tatkräftigen Mitwirkung der Reichsbehörden. Vor allem aber ver-
sicherte er den Verein des lebhaften Interesses und der eifrigsten
Fürsorge seitens Sr. Kgl. Hoheit des Prinzregenten und der
Kgl. Bayerischen Staatsregierung.

Hierauf nahm als Vorsitzender des Vorstandsrates Herr
Wilhelm v. Siemens das Wort zu folgender Ansprache:

›Als derjenige unter den drei Vorsitzenden des Vorstandsrates, dessen
Mandat zuerst, und zwar in diesem Jahre, abläuft, liegt es mir ob, Ihnen
über die Fortschritte und die Entwicklung des Museums während des abge-
laufenen Jahres zu berichten. Ich glaube aber in erster Linie hervorheben

---

[1]) Vgl. den Sonderabdruck des Vereins deutscher Ingenieure (1904).

zu sollen und darf das wohl im Namen des ganzen Vorstandsrates tun, daß
der Vorstand und sein Vorsitzender dem Museum eine ganz ungewöhnliche
Arbeitskraft und Leistungsfähigkeit gewidmet haben. Er hat es sich auf das
eifrigste und in einsichtigster Weise angelegen sein lassen, die Grundlagen
unseres Unternehmens weiter zu befestigen und die Organisation in der
durch die Begründungsversammlung vorgesehenen Weise weiter auszubauen;
ferner einen lebhaften Zufluß der unentbehrlichen materiellen Mittel anzuregen und in die Wege zu leiten und die Vorbereitungen für die Einrichtung
des provisorischen Museums soweit zu fördern, daß Ihnen heute hierauf
bezügliche Pläne vorgelegt werden können. Sie werden auch ersehen, wie
groß die Anzahl wertvollster Museumsobjekte bereits ist, für deren Gewinnung
der Vorstand seine hartnäckigsten Bemühungen eingesetzt hat.

Die Satzungen des Museums haben am 28. Dezember 1903 die Allerhöchste Genehmigung gefunden, unter Verleihung der Rechtsfähigkeit einer
Anstalt des öffentlichen Rechtes, wodurch das Museum, welches bei der
Gründungssitzung als Vereinsmuseum gedacht worden war, den Auflagen
der Vereine entzogen ist.

Soweit die jetzt in Kraft befindlichen Satzungen von den durch die
Festversammlung am 28. Juni 1903 vorläufig genehmigten Satzungen ab-
weichen, sind sie aufgrund von Verhandlungen mit der Kgl. Bayerischen
Staatsregierung von den drei Vorsitzenden des Vorstandsrates und dem Vorstande einstimmig beschlossen worden, und zwar nach Maßgabe der von
jener Versammlung erteilten Ermächtigung.

Der Vorstand hat seine Geschäftsführung durch eine vom Vorstandsrat
genehmigte Geschäftsordnung satzungsgemäß geregelt.

Der Vorstandsrat besteht aus 49 Mitgliedern, von welchen 10 vom
Reichskanzler und der Kgl. Bayerischen Staatsregierung und 18 von den im
Statut angeführten Körperschaften ernannt, während 21 Mitglieder gewählt
worden sind.

Dem Ausschuß gehören gegenwärtig 197 Mitglieder an. Von diesen
entfallen

auf Reichs-, Staats- und Gemeindebeamte . . . . . 32 Mitglieder,
» Vertreter der Akademien der Wissenschaften, der
Hochschulen, auf Gelehrte, Professoren, Schrift-
steller u. a. . . . . 90 »
auf Vertreter der Industrie, des Marinewesens, des
Handels und des Gewerbes . . . . 75 »

Die Zahl der Mitglieder, mit deren Sammlung im Monat Januar begonnen
wurde, beträgt gegenwärtig über 800, welche sich auf 220 Städte im Deutschen
Reiche und im Auslande verteilen.

Sie sehen, wie sich ganz naturgemäß ein bereits großer Kreis zusammen-
gefunden hat, um das Erziehungswerk und das Heranwachsen unseres jungen
Sprößlings zu überwachen und in die richtigen Wege zu leiten. Solche Wege
sind ja nicht von vornherein feststehend und gesichert, und wir besitzen
auch keine Karten, wo wir nachsehen können. Soviel wissen wir jedoch,
daß der Grund, auf dem wir uns zu bewegen haben, die Einsicht und die
lebendige Teilnahme weiterer Kreise sein muß: derjenigen, welche an der

naturwissenschaftlichen technischen Weiterarbeit tätig teilnehmen, und derjenigen, deren Verständnis für diesen so wichtigen Teil der nationalen Arbeit in jeder Weise entwickelt werden sollte. Die Ausschußmitglieder sind aber die Kristallisationsmittelpunkte, von denen aus diese Bewegung sich weiter und weiter verbreiten soll.

Aus alter und neuer Zeit sind ja von jeher in den Kulturländern Gebilde von Menschenhand in Museen gesammelt worden. Aber diese Museen waren und sind in erster Linie Stätten für die Werke der bildenden Künste. Die Kunst idealisiert das Menschenleben. Wir sehen Form und Inhalt der Lebensvorgänge durch das Auge des gestaltenden Künstlers und werden so selbst über uns hinausgehoben.

Aber der Mensch lebt nicht von Kunst allein. Er hat die Aufgabe, die materielle Welt, in der er lebt, nach seinen Bedürfnissen zu gestalten und ihren inneren Zusammenhang zu erkennen. Und auch auf diesem Gebiete sind es doch in erster Linie wieder die Formen, die äußere Form der Geräte und Werkzeuge und ihr geschichtlicher Entwicklungsgang, welche in Sammlungen, wie z. B. in den Kunstgewerbemuseen und in Museen der Völkerkunde, zur Darstellung gelangen. Form und Gestalt der Dinge sind es, die das allgemeine Interesse der Menschen vornehmlich in Anspruch nehmen.

In unserer heutigen naturwissenschaftlichen technischen Zeit können es aber nicht mehr in erster Linie oder ausschließlich die Formen der von Menschenhand hergestellten Gebilde sein, welche dem Geschaffenen seine wesentliche Eigenart und Bedeutung verleihen. Wir haben jetzt unsere Aufmerksamkeit zu lenken auf den mechanischen Aufbau dieser technischen Schöpfungen, auf ihre Konstruktion, auf die Art und Weise des inneren und äußeren Zusammenhanges und der erfolgreichen Benutzung der in der Natur wirksamen Kräfte. Solche Werke werden zu Meisterwerken durch die Größe der bei ihrer Schaffung erwiesenen Schöpferkraft, durch die Genialität der angewandten Kunstgriffe und durch den Umfang der erzielten Wirkung.

Ein Museum, das solche Dinge zur Anschauung bringen will, darf und muß sich an einen sehr großen Kreis wenden, insbesondere in Deutschland. Wir leben hier in festen, verhältnismäßig engen und beinahe unabänderlichen Grenzen mit stark zunehmender Bevölkerung, welche sich durch die Arbeit ihrer Köpfe und Hände erhalten muß. Das Quantum und Quale dieser Arbeit muß in stark aufsteigender Richtung verbleiben. Wissenschaft und Technik sind aber die uns für diesen Zweck zur Verfügung stehenden Werkzeuge. Die Deutschen sind ihrer ganzen Lage nach darauf angewiesen, diese Werkzeuge stets scharf zu halten und weiter zu verfeinern. Wir besitzen nicht jene ausgedehnten Baumwollen-, Mais- und Weizenfelder, die Petroleumquellen, die ausgedehnten Kupfer- und Goldlager u. a. m. Aber nicht unwichtiger als die reiche Fülle solcher äußeren Schätze sind zahlreiche und gut angelegte Gehirnwindungen, und hierfür hat sich der deutsche Boden stets als besonders fruchtbar erwiesen. Hier liegen unsere unbegrenzten Möglichkeiten. Jedenfalls sind die Deutschen in viel höherem Maße als andere ebenbürtige Nationen darauf angewiesen, ein Werkzeug machendes Volk zu sein. Die Fähigkeit, die einfachsten, wirkungsvollsten und fortgeschrittensten Werkzeuge zu erzielen und kraftvoll zu handhaben, wird sich wahrscheinlich mehr und mehr im Zusammenleben der Völker als eine der für die Zukunft ausschlaggebendsten menschlichen Eigenschaften erweisen. Es ergibt sich also, wie wohlbegründet gerade auf deutschem Boden ein Museum ist, das die berühmtesten und folgenschwersten Werkzeuge und Instrumente zur Anschauung bringen will, in Verbindung mit den naturwissenschaftlichen Entdeckungen, welche ihre Voraussetzung bilden.

Wenn ich nun fortfahre in der Anführung dessen, was bisher praktisch geschehen ist, um das Museumswerk über die Anfänge seines ersten Daseinsjahres hinauszuführen, so darf ich nicht unterlassen zu berichten, in wie erheblichem Maße durch das dankenswerte und liberale Eingreifen seitens des Reiches, der Kgl. Bayerischen Staatsregierung und der Stadt München unser Museum Grund und Boden erhalten hat. Die Kgl. Bayerische Staatsregierung hat nunmehr endgültig das alte Nationalmuseum für die vorläufige Unterbringung der Sammlungen überwiesen, unter gleichzeitiger Bewilligung eines Kostenbeitrages von 24 000 M. für die Wiederherstellung des Gebäudes. Die erforderlichen Arbeiten sind unter Leitung des Herrn Professors Emanuel v. Seidl bereits begonnen. Das Kgl. Bayerische Staatsministerium des Äußeren hat ferner den Bundesstaaten und den in Betracht kommenden Auslandsstaaten von dem Museum in empfehlender Weise Kenntnis gegeben, und es sind von den Regierungen dieser Staaten bereits mehrfache Unterstützungsanerbietungen eingegangen.

Für den Transport der Ausstellungsgegenstände haben die Kgl. Bayerische Staatsregierung und die Großherzoglich Badische Regierung Frachtfreiheit bewilligt, wodurch es ermöglicht ist, selbst außerordentlich schwere Gegenstände dem Museum fast ohne Kosten zuzuführen.

Ähnliche Eingaben sind an die übrigen deutschen Bundesstaaten gerichtet, und deren Unterstützung ist von maßgebenden Mitgliedern der betreffenden Verwaltungen in Aussicht gestellt worden.

An Jahresbeiträgen hat der Reichstag in dritter Lesung die Summe von 50 000 M. für das laufende Jahr bewilligt. Antrag auf Genehmigung einer gleich großen Summe ist von der Kgl. Bayerischen Staatsregierung dem Landtage vorgelegt worden.

Die Stadt München hat einen festen Jahresbeitrag von 15 000 M. gespendet. Sodann aber hat die Stadt für die endgültige Unterbringung der Sammlungen das Grundstück auf der Kohleninsel von rund 30 000 qm Fläche im Werte von ungefähr 2 Mill. M. im Erbbaurechte überwiesen.

Die Summe der bisher gezeichneten Jahresbeiträge einschließlich der drei von mir bereits erwähnten beläuft sich auf 137 000 M.; dazu tritt an einmaligen Stiftungen von privater Seite und von seiten einzelner industrieller Werke ein Gesamtbetrag von 386 000 M.

Einen nicht messbaren, aber doch recht großen Wert stellen die dem Museum bereits in großer Anzahl überwiesenen Sammlungsgegenstände dar. Abgesehen von der reichhaltigen mathematisch-physikalischen Sammlung der Kgl. Bayerischen Akademie der Wissenschaften, deren Gegenstände etwa vier große Säle einnehmen würden, sind an 600 wertvolle Maschinen, Geräte und Modelle von etwa 70 Spendern dem Museum als Stiftung angeboten, darunter: eine Sammlung typischer Modelle von Lokomotiven, Wagen usw.

von der Kgl. Bayerischen Verkehrsverwaltung; eine reichhaltige Sammlung von Modellen von steinernen, hölzernen, eisernen Brücken, sowie Modelle von Straßen- und Wasserbauten von der Kgl. Bayerischen obersten Baubehörde; mathematische, geodätische, astronomische und physikalische Instrumente aus dem Bestande der Laboratorien der Kgl. Bayerischen Lehranstalten; die Sammlung von Einrichtungen und Erzeugnissen aus den Gußstahlwerken von Friedrich Krupp in Essen, darunter eine Sammlung zur Entwicklung der Panzerplatten, große zum Teil bewegliche Modelle von Hochofenanlagen, Dampfhämmern, Walzenstraßen und dergleichen Sammlungen von Originalapparaten und Maschinen zur Entwicklung der Dynamomaschinen, der Bogenlampen, der elektrischen Messvorrichtungen usw. von Siemens & Halske; eine historische Sammlung optischer Instrumente von Karl Zeiß in Jena; eine Sammlung von etwa 50 wertvollen Modellen von Bergwerksmaschinen, Fabrikanlagen usw., die Hüttenkunde und die chemische Technologie umfassend, von Professor Dr. A. Mitscherlich in Freiburg.

An besonders hervorragenden Originalapparaten und Maschinen sind zu erwähnen: die früheste und letzte Ausführung einer Rechenmaschine von Professor Dr. Selling; die Hittorfschen Apparate zum Nachweise der Eigenschaft elektrischer Strahlen; die Originalkonstruktion eines kalorischen Kraftmessers nach den Studien von Dr. R. Mayer vom Kgl. Württembergischen Ministerium des Innern; eine große Elektrisiermaschine und Erstlingspräparate von Geh. Hofrat Dr. Geuther und Geh. Hofrat Dr. Knorr von der Universität Jena; die Originalmodelle zur Theorie der räumlichen Anordnung der Atome von Professor Dr. van t'Hoff; die ersten Röntgen-Apparate; die seit 100 Jahren im Betrieb befindliche Reichenbachsche Wassersäulenmaschine; die erste Betriebsdampfmaschine der Kruppschen Fabrik vom Jahre 1835; die erste von der Firma Gebr. Sulzer gebaute Ventilmaschine; die ersten Apparate zur Verflüssigung der Luft und die typisch gewordenen Einrichtungen für die Kälteindustrie von Professor Dr. C. von Linde; das Original der ersten Kohlensäuremaschine von Windhausen; eine preisgekrönte Lokomotive der Firma Kraus & Ko.; die erste elektrische Lokomotive von Siemens & Halske; die ersten Diesel-Motoren von der Augsburger Maschinenfabrik; die erste Lokomobile von R. Wolf in Magdeburg-Buckau; die ersten in Deutschland gebauten Gasmotorentypen von der Gasmotorenfabrik Deutz; die erste von J. M. Voith in Heidenheim gebaute Francis-Turbine sowie der erste Turbinenregulator derselben Firma; Originalvorrichtungen des Mannesmannschen Walzverfahrens von Hrn. R. Mannesmann; die erste Alphazentrifuge von Frhr. von Bechtolsheim.

Für die Unterbringung der Bücher und Pläne sind vorzüglich erhaltene Bücherregale, ausreichend für etwa 20 000 Bände, aus der Bibliothek des Kgl. Bayerischen Armeemuseums leihweise zur Verfügung gestellt.

Von Vereinen, Verfassern, Verlegern und Privaten sind von etwa 50 Stiftern etwa 1500 Bände überwiesen, wobei die von Verfassern gestifteten Werke größtenteils mit handschriftlicher Widmung versehen sind.

Für die Urkundensammlung sind etwa 200 Briefe, Urkunden usw., darunter zahlreiche Briefe von Bunsen, Liebig, Berzelius, Ampère, Humboldt usw. gestiftet worden.

Zur Stiftung von Büsten und Bildern berühmter Männer haben sich erste Künstler, darunter Professor Rümann, Akademiedirektor Ferdinand v. Miller, Professor Balthasar Schmidt, Kunstmaler Mangold usw. erboten.

Meine Herren! Ich habe Ihnen über so viele und große dem Museum geleistete Dienste berichten können, daß ich nicht schließen darf, ohne den Ausdruck warmer Dankbarkeit für alle hieran Beteiligten. Sie werden auch aus dem Vorgetragenen gewiß den Eindruck empfangen haben, daß das erste Geschäftsjahr des Museums reich an fruchtbarer und erfolgreicher Arbeit gewesen ist, und ich bin sicher, daß dieser Eindruck durch die Ausführungen der nachfolgenden Herren Berichterstatter noch erheblich an Stärke gewinnen wird. Ich hoffe, daß Sie mit der Empfindung auf das Ergebnis der heutigen Sitzung zurückblicken werden, daß das Museum dermal einst des Schweißes der Ideen wert sein wird.

Es folgte die Ansprache des Vorstandsmitgliedes Herrn Oskar v. Miller:

Königliche Hoheit!

Sehr geehrte Herren!

Gestatten Sie mir, daß ich dem Bericht des Herrn Vorsitzenden einige Worte über die Ausgestaltung der Sammlungen hinzufüge.

Von Anfang an war der Zweck des Museums festgelegt:

›Es sollte der Einfluß der wissenschaftlichen Forschung auf die Technik und die Entwicklung der verschiedenen Industrien durch typische Meisterwerke dargestellt werden.‹

Diese bei der Gründung des Museums festgelegten Grundsätze sind für seinen weiteren Ausbau maßgebend geblieben, sie bilden die Grundlagen, auf der der Umfang und die Art der Sammlungsgegenstände abzugrenzen sind.

Um für die Gestaltung des Museums im allgemeinen erprobte Anhaltspunkte zu gewinnen und um die in verwandten Instituten gemachten Erfahrungen zu verwerten, wurden Vorstudien in einer Reihe ähnlicher Museen unternommen.

Insbesondere habe ich, abgesehen von dem mustergültigen Reichspostmuseum, die hochinteressanten Museen zu Nürnberg und die kleineren Sammlungen in Wien und Berlin, vor allem das Conservatoire des Arts et Métiers in Paris und das Kensington Museum in London studiert.

Es ist selbstverständlich, daß hierbei über den Zweck die Organisation, die Hilfsmittel und die Ausführung dieser verwandten Institute weit eingehendere Erhebungen angestellt werden mußten, als die Besucher solcher Sammlungen gewöhnlich zu tun pflegen, und das dies möglich war, dafür möchte ich an dieser Stelle den Leitern der betreffenden Museen bestens danken.

Auf das Ergebnis dieser Studien werde ich bei den einzelnen Punkten des Programmes zurückzukommen haben.

Wenn diese Studien uns zeigten, welche Einrichtungen in den verwandten Anstalten bereits geschaffen und welche etwa noch erstrebenswert wären, und wenn Sie uns auf diese Weise erkennen ließen, wie weit ohne Rücksicht auf das eigene Können der Rahmen des Wünschenswerten und

Nützlichen zu stecken wäre, so war anderseits auch zu prüfen, welche Ziele mit den Mitteln und Unterstützungen, die wir zu erhoffen haben, wohl erreichbar sein würden. Um auch hierüber ein zutreffendes Bild zu gewinnen, waren zunächst allgemeine Verhandlungen mit Behörden, Körperschaften und Privaten bezüglich der Beschaffung von Museumobjekten nötig.

Von der über Erwarten freundlichen Aufnahme, welche diese Verhandlungen gefunden haben, ist Ihnen bereits im allgemeinen berichtet worden. Die uns von allen Seiten zugesicherte werktätige Beihilfe hat uns ermutigt, unsere Ziele weit zu stecken, und in dem frohen Bewußtsein, daß die deutschen Behörden, die Gelehrten und Industriellen uns auf das kräftigste unterstützen, war es möglich, ein weitausschauendes Programm für die Ausgestaltung des Museums zu entwerfen.

Unsere Verhandlungen und Studien hatten uns überzeugt, daß das Museum vor allem eine Ruhmeshalle der deutschen Wissenschaft und Technik werden müsse, wie dies das Conservatoire des Arts et Métiers für Frankreich und das Kensington Museum für England geworden ist.

Im Conservatoire des Arts et Métiers nehmen die Laboratoriumseinrichtungen des genialen Chemikers Lavoisier, die Überreste der Luftschiffe von Montgolfier, der erste Webstuhl von Jacquard usw. als leuchtende Beispiele bahnbrechender Meisterwerke das Interesse der großen Allgemeinheit in Anspruch; im Kensington Museum sind es die Dampfmaschinen von Watt, die ersten Lokomotiven usw., die den Ruhm des Museums über die ganze Welt verbreitet haben, und auch in unserm Museum sollen solche Meisterwerke aus alter und neuer Zeit die Grundpfeiler der Sammlungen bilden.

Wie Ihnen unser Verwaltungsbericht zeigt, sind wir schon jetzt im Besitze zahlreicher solcher Schätze. So werden z. B. die uns überwiesenen Originalapparate Fraunhofers, mit denen er der Optik und damit einer großen Reihe von Wissenschaften neue Wege gewiesen und ein tiefes Eindringen in früher unbekannte Geheimnisse der Natur ermöglicht hat, in unseren Sammlungen vertreten sein. Als ein Meisterwerk aller Zeiten werden wir die uns überwiesene erste elektrische Lokomotive von Werner v. Siemens, mit der ein neues Verkehrsmittel für Städte und Länder ins Leben gerufen wurde, zur Aufstellung bringen.

Selbstverständlich wird es jedoch nicht immer möglich sein, auf allen Gebieten des Wissens und Schaffens die historischen Meisterwerke in Urgestalt den Sammlungen einzuverleiben; in diesen Fällen sollen naturgetreue Nachbildungen oder Modelle die Lücke ausfüllen, wie dies ja auch im Kensington Museum der Fall ist, wo z. B. vorzügliche Nachbildungen der Magdeburger Halbkugeln vorhanden sind.

Bei all den Meisterwerken werden die deutsche Forschung und die deutsche Arbeit, die uns am nächsten liegen, und deren Produkte wir auch am leichtesten erhalten können, naturgemäß am stärksten vertreten sein; allein die von uns darzustellende Entwicklung der Wissenschaft und Technik ist nicht an Landesgrenzen gebunden, und wir können deshalb auf die Zuziehung der fremdländischen Schöpfungen nicht verzichten, sondern wollen auch Originale und Nachbildungen besonders hervorragender Werke des Auslandes erwerben.

Diesen Grundsatz haben auch die ausländischen Museen befolgt, indem z. B. eine Dampfmaschine von Watt, deren Original im Kensington Museum aufgestellt ist, sowie auch die unserm Museum im Original überwiesene Reichenbachsche Maschine im Conservatoire des Arts et Métiers in getreuer Nachbildung vertreten sind, während anderseits der im Conservatoire des Arts et Métiers befindliche Originaldampfwagen von Cugnot im Kensington Museum sich als Modell wiederfindet.

Auch wir haben Verbindungen nach dieser Richtung angeknüpft, und es ist uns bereits aus der Schweiz das Original der ersten Ventilmaschine von Gebr. Sulzer gestiftet; außerdem haben wir vom Kensington Museum nicht nur die Erlaubnis sondern auch die erforderlichen Zeichnungen zur Nachbildung berühmter Werke, wie z. B. der ersten Dampflokomotiven u. dgl., erhalten.

Außer den Originalen und Nachbildungen der deutschen und ausländischen Hauptmeisterwerke, die gleichsam das Fundament oder den Beginn ganzer Entwicklungsreihen darstellen, und die im Museum auch besonders hervorgehoben werden sollen, müssen aber auch die einzelnen Zwischenglieder in unserm Museum vertreten sein, wenn die Entwicklung der Naturwissenschaft und Technik, die von einer wichtigen Stufe zur andern nicht sprungweise, sondern nur allmählich erfolgt, gründlich dargestellt werden soll. So liegt zwischen Stephensons erster Lokomotive, die im Kensington-Museum mit Recht als eines der größten Meisterwerke der Technik bewahrt wird, und den modernsten Erzeugnissen des Lokomotivbaues ein ungeheuerer Weg, auf dem z. B. die unserm Museum überwiesene Krausssche Lokomotive einen Markstein der Entwicklung bildet.

Durch diese Entwicklungsstufen zwischen den epochemachenden Meisterwerken wird der mühsame Weg gekennzeichnet, welcher zur Erringung des heutigen hohen Standes der Wissenschaft und Technik zu durchlaufen war.

Aber auch vor den neuesten Errungenschaften der Forscher und Techniker dürfen wir nicht Halt machen, sobald deren hervorragende Bedeutung zweifellos erprobt und von maßgebender Seite anerkannt ist.

Um den Einfluß der wissenschaftlichen Forschung auf die Entwicklung der Technik in recht auffälliger Weise zu zeigen, ist es mitunter nötig, unmittelbar neben die Werke aus vergangenen Jahrhunderten und Jahrzehnten die allerneuesten Erzeugnisse der Technik zu stellen.

Neben den schwerfälligen, durch ihre riesigen Abmessungen auffallenden Wasserwerksmaschinen zeigen die modernen Pumpen, z. B. die Hochdruck-Zentrifugalpumpe, die mit nur $1/20$ des Materials dieselbe Leistung vollbringen, so recht belehrend den Fortschritt, der durch die Anwendung der mechanischen Gesetze erzielt worden ist. Neben den alten Riesenobjektiven der Photographen von 20 cm Durchmesser und 51 cm Höhe zeigen die kleinen neuen Objektive, wie durch die richtige Anwendung der optischen Gesetze mit unvergleichlich geringerem Aufwande von Mitteln gleiche Leistungen erzielt werden können. Neben dem Modell eines alten Wohnhauses mit seinen schlichten Feuerstätten, dem oft vergifteten Brunnen usw. würde das Modell eines neuen Gebäudes mit Zentralheizung, Lüftung, Wasserleitung usw. zeigen, welchen Vorteil die wissenschaftlichen und technischen Errungenschaften der Hygiene den Bewohnern von Städten gebracht haben.

Auch im Kensington Museum sind neben den alten Watt-Maschinen die neuen Dampfturbinen von de Laval und Parsons, neben den alten Lokomotiven neuere Automobile vertreten.

Im Conservatoire des Arts et Métiers sehen wir neben den primitiven Ackerbaugeräten aus dem vorigen Jahrhundert die modernsten landwirtschaftlichen Maschinen; auch so manche andere neue Erfindungen, wie die von Edison, von Thompson usw., sind in diesen Museen aufgestellt.

So ist es auch für uns eine besondere Freude, daß in unserm wissenschaftlich-technischen Museum auch die Apparate, mit denen noch lebende Forscher, wie Hittorf, Röntgen, van t'Hoff usw. ihre bahnbrechenden Versuche gemacht haben, vertreten sein werden, und daß wir unter anderm nicht nur die ältesten Gasmaschinen von Otto und Langen sondern auch die ersten Diesel-Motoren von der Augsburg-Nürnberger Maschinenbaugesellschaft besitzen.

Um die Sammlungen des Museums bis in die neueste Zeit fortsetzen zu können und trotzdem nicht der Gefahr ausgesetzt zu sein, in die Bahnen geschäftlicher Ausstellungen zu geraten, ist die Aufstellung aller Museumsgegenstände an den Beschluß des Vorstandsrates gebunden, und wir glauben, daß bei der glänzenden Zusammensetzung dieses Areopags und bei dem maßgebenden Urteile desselben für alle Zeiten der Grundsatz gelten wird, daß es für Forscher und Ingenieure, für wissenschaftliche Laboratorien wie für Fabriken eine ganz besondere Ehre bedeutet, wenn ihre Arbeiten und Werke der Aufstellung in unsern Sammlungen würdig befunden werden.

Dies sind die Grundsätze, die bei der Auswahl von Museumsgegenständen, für Originale wie für Nachbildungen, für deutsche wie für fremde, für alte wie für neue Werke Geltung haben sollen.

Ich habe Ihnen diese Grundsätze etwas ausführlicher geschildert, weil, wie die Erfahrung gezeigt hat, der Name unseres Museums nicht immer die richtige Vorstellung über die Art und den Umfang der geplanten Sammlungen erweckt.

Neben der Bestimmung, als Ruhmeshalle der deutschen Wissenschaft und Technik zu dienen, hat aber unser Museum eine weitere wichtige Aufgabe; es soll vor allem eine Stätte der Anregung und Belehrung, und zwar nicht nur für Gelehrte und Ingenieure sondern für das ganze Volk bilden.

Dies ist auch die vornehmste Aufgabe der schon wiederholt erwähnten ausländischen Museen, die, obwohl ursprünglich als große Lehrmittelsammlungen für die mit ihnen verbundenen Schulen gedacht, heute nicht nur diesen, sondern allen, die Herz und Sinn für Wissenschaft und Technik haben, dem ganzen Volke zur Belehrung dienen.

Ich habe durch eigene Beobachtung festgestellt, daß z. B. das Conservatoire des Arts et Métiers in Paris in den Nachmittagsstunden eines Sonntags von mehreren tausend Personen besucht wurde, und das Kensington Museum in London hat nach den amtlichen Zählungen jährlich etwa eine Million Besucher.

Wenn auch durch unser Museum das Verständnis für die Fortschritte der Naturwissenschaft und Technik Gemeingut des ganzen Volkes werden soll, so müssen die Sammlungsstücke, die Maschinen und Geräte in einer

solchen Weise zur Vorführung kommen, daß sie nicht nur den Sachverständigen oder dem Studierenden sondern auch dem einfachen Arbeiter, überhaupt jedem Besucher verständlich sind.

Dies wäre z. B. nicht der Fall bei fertigen Maschinen, deren Einrichtungen und Bewegungsteile zum größten Teile verdeckt sind; es ist deshalb
nötig, den inneren Bau und ihre Wirkungsweise durch Abhebung von Zylinder-
deckeln, durch Anbringung von Schnitten u. dgl. zu zeigen.

Wo dies, wie z. B. bei historischen Maschinen, nicht zulässig ist, sollen
neben den Originalen Schnittzeichnungen und Modelle mit den nötigen
Schnitten aufgestellt werden, wie das z. B. bei Uhren, Modelle mit Schnitten
im richtigen Maßstabe für das bequeme Studium der einzelnen Teile zu klein
würden, müssen Modelle in vergrößertem Maßstabe vorgesehen werden.

Durch derartige Schnittmodelle und Schnittzeichnungen wird das Verständnis der einzelnen Maschinen und Geräte schon wesentlich gehoben;
oft aber genügen auch zerlegte Modelle oder Schnitte nicht, um einen Gegen-
stand vollkommen klar verständlich zu machen. Solche Objekte müssen alsdann in Bewegung oder gar in Betrieb vorgeführt werden, damit über ihre
Wirkung eine klare Anschauung gewonnen werden kann. So müssen z. B.
die Steuerungen der Dampfmaschinen in Bewegung gezeigt werden, um die
Dampfverteilung bei den verschiedenen Stellungen erkennen zu lassen.
Ebenso müßten die Gas- und Wassermesser, die Elektrizitätszähler usw. durch
Modelle mit sichtbaren Bewegungsteilen im Betriebe vorgeführt werden.

In dieser Hinsicht sind namentlich die Sammlungen des Kensington
Museums außerordentlich belehrend, indem dort eine große Anzahl Maschinen
und Modelle teils dauernd im Betriebe sind, teils durch das Publikum selbst
ganz nach Belieben durch Drücken an einem Knopf vorübergehend in Betrieb
gesetzt werden können. Wir finden daselbst zahlreiche bewegliche Schnittmodelle von Dampfmaschinen, Lokomotiven, Webstühlen, Rammen u. dgl.,
und eine Beobachtung der Besucher zeigt, daß gerade diese Einrichtungen
das allergrößte Interesse finden, und daß das Studium all dieser bewegten
und beweglichen Mechanismen ganz besonders anregend ist.

Es ist deshalb auch in unserm Museum beabsichtigt, die Gegenstände,
wo nötig, im Betriebe vorzuführen, und es soll zu diesem Zweck Druckluft,
Elektrizität, Gas, Wasser u. dgl. zur Verfügung stehen.

Um Ihnen an einem besonderen Beispiele zu zeigen, in welcher Weise
nach diesen Grundsätzen hervorragende Museumsgegenstände aufzustellen
wären, ist in den ausgehängten Plänen die Aufstellung der uns vom Staate
nach hundertjährigem Betriebe überwiesenen Reichenbachschen Wassersäulen-
maschinen skizziert.

Zunächst ist das berühmte Original — eine Maschine von etwa 6 m
Höhe — aufgestellt, dessen Aufbau so recht das Bild eines Meisterwerkes
bildet. Gleichwohl würde der Laie und auch so mancher Fachmann aus
den riesigen Bronzezylindern kein Bild über den inneren Bau, die Arbeits-
weise und den Zweck der Maschine gewinnen. Es ist deshalb zunächst
eine Schnittzeichnung erforderlich, in der die inneren Teile der Maschine
dargestellt sind, und die dem Sachkundigen zugleich ein Bild von der Arbeits-
weise der Maschine gibt. Um aber die geistreiche Betriebsart der Maschine

auch dem Laien verständlich zu machen, wird neben dem Original ein gläsernes Betriebsmodell aufgestellt, das durch die Besucher in Betrieb gesetzt und bei welchem der Zufluß des Druckwassers, das Spiel der Kolben und die Förderung der Salzsole auf einen Hochbehälter genau verfolgt werden kann.

Um schließlich den Zweck und die Bedeutung des Gesamtwerkes, von dem die Wassersäulenmaschine ein Glied bildet, zu erläutern, soll eine schematische Darstellung zeigen, wie aus dem Salzbergwerk in Berchtesgaden die zahlreiche Sole mittels der Maschinen von Reichenbach ausgesaugt, über verschiedene Erdstufen gehoben und nach dem Sudhause in Reichenhall geleitet wird, woselbst reichliche Mengen von Holz zum Abdampfen zur Verfügung stehen.

In ähnlicher Weise, wie ich Ihnen dies in dem einzelnen Beispiele zu erläutern suchte, sollen alle diese verschiedenen Wissens- und Industriezweige dargestellt werden. Um dies zu ermöglichen, darf allerdings die Beschaffenheit der Originale, der Nachbildungen, der Modelle, der Zeichnungen und der Betriebseinrichtungen nicht dem Zufall überlassen bleiben, sondern es muß für jede einzelne Gruppe der Naturwissenschaft und Technik ein ganz bestimmter Plan derjenigen Gegenstände aufgestellt werden, welche zur Darstellung der Entwicklung erforderlich sind.

Als Beispiel, wie ein solcher Plan aufzustellen wäre, liegt Ihnen eine Liste und der Entwurf eines Aufstellungsplanes über die Gruppe »Dampf-maschinen« vor.

Es sind hierin zunächst Abbildungen der Versuche Ottos v. Guericke über die treibende Kraft des Luftdruckes als Ausgangspunkt aller Kolbenmaschinen vorgesehen. Es folgen sodann Zeichnungen und Modelle der sogenannten atmosphärischen Maschinen von Papin, Newcomen usw. Hierauf kommen Abbildungen von Watt-Maschinen, in denen bereits die noch heute gültigen Grundlagen der Dampfmaschinen festgelegt sind, und schließlich sind in der Liste verschiedenartige Verbesserungen des äußeren Aufbaues, der Steuerungen usw. in historischer Reihenfolge angegeben.

Neben der Auswahl der für das Museum geeigneten Maschinen und Maschinenteile ist in der Liste aber auch angegeben, ob sie in Original oder Nachbildung, in Modellen oder Zeichnungen wünschenswert und erhältlich sind, welche besonderen Einrichtungen, wie Schnitte, Betriebe usw., nötig sind, um die einzelnen Gegenstände verständlich zu machen, welcher Raum für die verschiedenen Gegenstände an Wand- und Bodenfläche vorzusehen ist, und welche Wege voraussichtlich am besten zur Ermittlung und Erwerbung der erwünschten Maschinen und Modelle führen dürften.

Diese Liste soll noch vervollständigt werden; sie soll aber schon in ihrer jetzigen Form als Beispiel für die Bearbeitung der übrigen Gebiete des Museums durch die in unserm Ausschuße vertretenen Autoritäten dienen.

Es war deshalb festzustellen, welche Gebiete der Naturwissenschaft und Technik das Museum umfassen sollte. Da nach dem Zweck des Museums der Einfluß der naturwissenschaftlichen Forschung auf die Technik dargestellt werden soll, so handelt es sich zunächst um die sogenannten exakten Naturwissenschaften: um die Mathematik, die Physik, die Chemie usw., während die beschreibenden Naturwissenschaften, wie Botanik, Zoologie, die ja in den naturhistorischen Museen ohne dies zur glänzenden Darstellung gelangen, in unserm Museum nur soweit Aufnahme finden, als sie, wie z. B. die Mineralogie, für die Technik von unmittelbarer Bedeutung sind. Bei der Auswahl der technischen Gruppen handelt es sich wiederum in erster Linie um diejenigen Gebiete, welche besonders durch die Wissenschaft gefördert worden sind, z. B. den auf den Gesetzen der Mathematik und Mechanik beruhenden Maschinenbau, die mit der Physik zusammenhängende Elektrotechnik, die technische Akustik und Optik, die Hygiene, die auf den Ergebnissen der Chemie beruhenden chemischen Industrien, die Vervielfältigungskünste usw.

Ausgeschlossen bleibt dagegen das ganze Kunstgewerbe, dessen Erzeugnisse nicht nach den Gesetzen der Naturwissenschaft, sondern nach denen der Schönheit hergestellt werden.

Trotz der sorgfältigen Abgrenzung unseres Arbeitsgebietes blieben etwa 40 wissenschaftliche und technische Gruppen mit zahlreichen Unterabteilungen zu berücksichtigen, welche in dem Ihnen übergebenen Verzeichnis festgelegt worden sind.

An die über alle 40 Gruppen sich erstreckende Ausstellung von Maschinen, Geräten, Modellen usw. schließt sich eine wissenschaftlich-technische Bibliothek und eine umfangreiche Plansammlung, die in historischer und belehrender Hinsicht den gleichen Zwecken wie das eigentliche Museum dienen soll, und über deren große Bedeutung seine Magnifizenz Herr Rektor v. Dyck Ihnen berichten wird.

Im Anschluß an die Bibliothek und Plansammlung sollen alte Originalzeichnungen, Urkunden und Autogramme ausgestellt werden, die Zeugnis von dem Schaffen und Wirken grosser Männer in vergangenen Zeiten geben.

Damit aber das Andenken an die bahnbrechenden Forscher und Techniker im Volke dauernd erhalten bleibe, ist auch die Aufstellung von Büsten und Bildnissen der hervorragendsten Männer der Naturwissenschaft und Technik in Aussicht genommen; hierüber wird Herr Professor Dr. v. Linde die Güte haben zu berichten.

Ich glaube, die Gebiete, die das Museum umfassen soll, die Art der Gegenstände, die in den einzelnen Gruppen zur Aufstellung kommen sollen, genügend erörtert zu haben, um ein allgemeines Bild von dem Umfang und der Gestaltung des Museums zu geben.

In der aushängenden Tafel ist nun dargestellt, wie das Museum zunächst vorläufig in den uns zur Verfügung gestellten Räumen des alten Nationalmuseums untergebracht werden soll. Bei der Austeilung der Räume waren wir bemüht, die einzelnen Gruppen so viel wie möglich im Zusammenhang aneinander zu reihen.

Beim Durchwandern der Sammlungen beginnen wir daher beispielsweise im ersten Stockwerk mit der Mathematik, betreten sodann die Abteilungen über Meßwesen, Geodäsie und Astronomie, um hierauf zur Physik und Chemie sowie zu deren angewandten Wissenschaften: der technischen Akustik und Optik, zur Elektrotechnik und zur chemischen Großindustrie usw. überzugehen.

Insofern Abweichungen von dieser organischen Reihenfolge vorkommen, sind sie durch die Größen- und Höhenverhältnisse sowie durch die Trag- kraft der einzelnen Räume, die ja nicht für unsere Zwecke geschaffen worden sind, bedingt. Auch der vorgesehene Umfang der einzelnen Gruppen soll keineswegs maßgebend für die künftige Anordnung sein; denn er war zunächst dadurch bedingt, daß einzelne Gebiete, wie z. B. das Meßwesen, die Physik usw., durch die von der Kgl. Bayerischen Akademie der Wissen- schaften überwiesene Sammlung schon von Anfang an einen größeren Um- fang erhalten haben, während auf anderen Gebieten die Museumsgegen- stände erst allmählich im Laufe von mehreren Jahren beschafft werden können.

Wir glauben deshalb auch, daß die überwiesenen Räume des alten Nationalmuseums für die nächsten Jahre wohl noch ausreichen werden.

Für unsere Sammlung werden einschließlich der geplanten Halle für Verkehrswesen Räume von etwa 4500 qm zur Verfügung stehen; außerdem werden für die Bibliothek und Plansammlung noch etwa 1000 qm vor- handen sein.

Im Vergleiche hierzu hat das Conservatoire des Arts et Métiers etwa 9000 qm, das Kensington Museum für seine technische Abteilung nur etwa 6000 qm Fläche zur Verfügung.

Sie sehen hieraus, daß unser Provisorium schon von Anfang an einen Umfang erhalten kann, der es uns ermöglicht, die Besucher für unser patrio- tisches Unternehmen zu begeistern und ihnen eine Vorstellung davon zu geben, was sie an Anregung und Belehrung bei Vollendung des endgültigen Museums zu erwarten haben.

Für dieses endgültige Museum, zu dessen Aufbau die Stadt München einen Bauplatz von rund 30 000 qm gestiftet hat, wären zunächst die Räume für die einzelnen Gruppen wesentlich größer und so anzuordnen, daß sie für den Bedarf in künftigen Zeiten noch erweitert werden können.

Den einzelnen Gruppen müßte auch die Höhe der Räume, die Trag- fähigkeit der Böden usw. besser angepaßt werden, die Reihenfolge der Räume müßte einer organischen Aneinandergliederung der zusammengehörigen Gruppen noch mehr als bei der ersten vorläufigen Anlage entsprechen.

Für die Abteilung ›Optik‹ wird zur Vorführung der Farbenspektren, des Leuchtens Geislerscher Röhren usw. auf eine entsprechend eingerichtete Dunkelkammer nicht zu verzichten sein.

Für die Gruppe ›Akustik‹ werden Räume mit schalldichten Wänden erforderlich sein.

In der Gruppe ›Bergwesen‹ wird es sich empfehlen, gewiße kenn- zeichnende Einrichtungen wirklicher Bergwerke in naturgetreuer Nachbildung zu zeigen.

Einen hervorragenden Teil des Museums werden die Bibliothek und die Plansammlung bilden; gebotenen Falls könnte hierfür ein besonderer Bau aufgeführt werden. Dieser Bau müßte auch einen Vortrags- und Ver- sammlungssaal enthalten, wenn nicht durch das in unmittelbarer Nähe des Museums geplante Stadthaus ohnedies ein hierzu besonders geeigneter Saal geschaffen wird. Jedenfalls müßten für diesen Vortragssaal ähnlich wie dies

im Conservatoire des Arts et Métiers der Fall ist, neben Verdunklungs-
einrichtungen, Abzugskaminen für Gase usw. vor allem auch Transportvor-
richtungen zur Herbeischaffung von Modellen u. dgl. vorgesehen werden, da
ja gerade die Benutzung der Modelle und der sonstigen vorzüglichen Hilfsmittel und Einrichtungen des Museums für die Abhaltung wissenschaftlicher
und gemeinverständlicher Vorträge von ganz besonderem Werte sein wird.

Auch andere Einzelbauten werden sich neben dem geschlossenen Museumsbau als nötig erweisen. So wäre z. B. für die Abteilung »Astronomie«
eine kleine Mustersternwarte vorzusehen, welche sich zur Unterbringung einiger
astronomischer Instrumente und zu einfachen Beobachtungen eignet. Auch
ein Leuchtturm, eine alte Windmühle u. dgl. wären besonders aufzustellen.

Da das Museum sich auf einer Insel befindet, so kann für diejenigen
Museumsgegenstände, die zu ihrer praktischen Darstellung größere Wassermengen nötig haben, auch die Isar benützt werden.

Neben den eigentlichen Ausstellungsbauten ist auch auf die zum Betriebe erforderlichen Räume bei diesem Museum besondere Rücksicht zu
nehmen. Es sind nicht nur Verwaltungsräume vorzusehen, sondern auch
Werkstätten, in denen die Modelle, wenn nötig, ausgebessert und ergänzt
werden können. Es müssen kleine Versuchslaboratorien für die Zwecke
des Museums geschaffen werden, insbesondere ist aber eine eigene Kraftanlage erforderlich, die das Museum mit Druckluft, mit Elektrizität zum
Antrieb von Maschinen und Modellen versieht. Diese Kraftanlage soll aber
nicht etwa wie gewöhnlich in einem Winkel verborgen werden, sondern sie
soll durch ihre mustergültige und vielseitige Ausstattung ebenfalls ein Aus-
stellungsstück bilden. Besondere Rücksicht ist auf eine gute Beleuchtung
des Museums zu nehmen, da das Museum vor allem für Gewerbetreibende
und Arbeiter bestimmt ist, die erst in den Abendstunden Gelegenheit haben,
ihre Zeit zu Studien zu verwenden.

Um zur Verwirklichung all dieser Pläne und Wünsche die erforderlichen Entwürfe zu erhalten, wird ein allgemeiner Bauplan einem vom Vorstandsrat gewählten Bauausschuß übergeben. Der Ausschuß wird den endgültigen Bauplan aufstellen und alle nötigen Maßnahmen treffen, damit
Ihnen bei Ihrer nächsten Tagung die Pläne für ein Museum vorgelegt werden
können, das sich würdig an die Seite des Conservatoire des Arts et Métiers
und des Kensington Museums stellen kann. Wir dürfen dies zuversichtlich
hoffen, nicht nur, weil wir auf unserm Bauplatze Räume von 2—3 fachem
Umfang dieser Museen schaffen können, nicht nur, weil wir unsere Säle
und Hallen in ihren Abmessungen vollkommen den Bedürfnissen anpassen
können, während das Kensington Museum wegen seiner niedrigen Räume
heute bereits auf die Aufstellung größerer Originalmaschinen verzichten muß,
nicht nur, weil wir für unsere Betriebseinrichtungen Druckluft, Gas, Wasser,
Elektrizität usw. zur Verfügung haben werden, während z. B. im Kensington
Museum nur Druckluftbetrieb vorhanden ist, sondern vor allem deshalb,
weil gerade in Deutschland seit langer Zeit ein inniges Zusammenarbeiten
zwischen Wissenschaft und Technik besteht, und weil wie in keinem anderen
Lande der großartige Erfolg dieser Wechselwirkung in den letzten Jahrzehnten
zutage getreten ist.

Unser Museum wird aber vor allem deshalb rasch und sicher in die Reihe der älteren Institute eintreten, weil wir über eine Organisation verfügen, die unbewußt die nämliche geworden ist, die das Conservatoire des Arts et Métiers ein Jahrhundert lang zu einer Quelle der Anregung und Belehrung für das ganze Land gemacht hat, und durch die Frankreich vor allen anderen Staaten zu Anfang des vorigen Jahrhunderts die Führung auf wissenschaftlich-technischem Gebiete erlangt hat.

Wie seinerzeit Ludwig XVI. den bescheidenen Anfängen der damaligen Sammlungen Vaucansons die erste ausreichende Heimstätte zur Verfügung stellte, in der sie untergebracht und erweitert werden konnten, so haben wir durch die Gnade Sr. Kgl. Hoheit des Prinzregenten ein vorläufiges Heim für unsere Sammlungen erhalten; wie seinerzeit das Conservatoire durch die Parlamente gefördert wurde, indem der Konvent im großen Stile Räume und Mittel dafür bewilligte, so haben auch wir der Einsicht der gesetzgebenden Körperschaften des Reiches, des Landes und der Stadt unsere namhaftesten Förderungen zu verdanken; wie seinerzeit das Conservatoire seinem langjährigen Ehrenpräsidenten, dem mächtigen, für Wissenschaft und Technik begeisterten Herzog de la Rochefoucauld Unterstützung und Förderung in allen schwierigen Fragen verdankte, so hält unser erlauchter Protektor seine schützende und schirmende Hand über unser Werk. Die Bildung unserer Sammlungen zeigt dasselbe erfreuliche Bild opferwilligen Gemeinsinnes, der einst in den ersten Zeiten des Conservatoire des Arts et Métiers so schöne Erfolge zeitigte. Wie dort die wertvollen Maschinen und Apparate der Kgl. Akademie der Wissenschaften in den neuen Sammlungen aufgingen, so werden auch uns die Sammlungen unserer Akademie überwiesen werden. Wie beim Conservatoire des Arts et Métiers die Uhrensammlung von Berthould, die wertvolle Sammlung des Physikers Charles durch Stiftungen dem Museum überwiesen wurden, so sind auch bei uns bereits aus Privatsammlungen von Gelehrten und Technikern ganze Reihen wichtiger Sammlungsstücke in unsern Besitz übergegangen.

Unser Vorstandsrat und unser Ausschuß entsprechen in ihrem Wesen und in ihrer Zusammensetzung fast genau dem Conseil de perfectionnement des Conservatoires, der, teils aus ernannten Mitgliedern der Behörden und Vereine, teils aus gewählten Mitgliedern bestehend, dort wie hier alle Faktoren vereinigt, die berufen und imstande sind, ein derartiges Institut groß und bedeutend zu machen.

Wenn beim Conservatoire des Arts et Métiers der Chef des französischen Staatsbauwesens, der Vorstand der Bergverwaltung diesem Ehrenamte angehörten, wenn dort Gelehrte wie Arago, Gay-Lussac, Montgolfier, wenn maßgebende Industrielle und Techniker wie der Präsident der Pariser Handelskammer, der Chef der Creuzotwerke, der General Poncelet usw., die führenden Geister dieses erlauchten Rates es waren, die der Bestimmung des Conservatoire zum Durchbruch verhalfen, so dürfen wir uns sagen, daß auch unser Unternehmen auf gleich sicherer und starker Grundlage ruht.

Und in der Tat! Wenn wir beruhigt und hoffnungsfreudig in die Zukunft schauen, so berechtigen uns hierzu nicht nur die bisherigen in opferwilligster Weise gemachten Stiftungen, die zahlreichen Gegenstände, die uns bereits im ersten Jahre überwiesen worden sind, sondern in erster Linie und vor allem das Bewußtsein, daß die Männer, die wir unsere Gönner und Mitarbeiter nennen dürfen, wie bisher so auch künftig ihren Einfluß ihren Rat und ihre Hilfe zur Verfügung stellen werden, so daß unser gemeinsames Werk der Wissenschaft und Technik und unserm deutschen Volke zu Ruhm und Segen gereichen wird.‹

Der erste Bürgermeister der Stadt München Dr. v. B o r s c h t hob in seiner hierauf folgenden Ansprache hervor, mit welcher Freude und Einstimmigkeit die städtischen Körperschaften den Bauplatz für das Museum bewilligt haben.

Seitens der Kgl. Bayerischen Verkehrsverwaltung wurde mitgeteilt, daß dem Museum die erste in Bayern verwendete Schnellzugslokomotive überwiesen werden wird, und zwar mit durchschnittenem Kessel- und Dampfzylinder, um deren Inneres zu zeigen.

Der Rektor der Technischen Hochschule München Dr. v. D y c k gab alsdann nähere Auskunft darüber, wie der Vorstand sich die Bibliothek und die Plansammlung des Museums gedacht habe.

Der Präsident des Kaiserlichen Patentamts H a u s s und der Direktor der Preußischen geologischen Landesanstalt S c h m e i s s e r sicherten wertvolle Gaben für das Museum zu.

Schließlich berichtete namens des Vorstandes Professor Dr. v. L i n d e über die Absicht, eine Ruhmeshalle im Museum einzurichten, in der Bildnisse und Büsten hervorragender Männer der Naturwissenschaft und Technik aufgestellt werden sollen. Zunächst sind in Aussicht genommen:

> Leibniz und Otto v. Guericke,
> Gauss und Fraunhofer,
> Alfred Krupp und Werner Siemens,
> Robert Mayer und Hermann Helmholtz.

Große Freude ruft die Mitteilung des Staatsministers Dr. v. F e i l i t z s c h hervor, daß der P r i n z r e g e n t zwei dieser Bildnisse: von Gauss und von Fraunhofer dem Museum zum Geschenk zu machen beschlossen habe.

Mit geschäftlichen Angelegenheiten, unter denen besonders die Wiederwahl des satzungsgemäß ausscheidenden Vorsitzenden des Vorstandes v. M i l l e r, sowie die Wahl des Direktors der

Kruppschen Werke Herrn Ehrensberger zum Vorsitzenden
des Vorstandsrates zu erwähnen sind, schloß diese erste Sitzung
des Ausschußes, welche allen, die ihr beiwohnten, auch den bisher
noch Bedenklichen und Zweifelnden, die Überzeugung gegeben
haben wird, daß das in schönster patriotischer Begeisterung
begründete Unternehmen auf gesicherter Grundlage ruht und
einer glänzenden Entwicklung entgegengeht.

Am 3. Oktober 1905 fand unter dem Vorsitze Sr. Kgl. Hoheit
des Prinzen Ludwig von Bayern die zweite Ausschußsitzung statt,
über die wir — der Vollständigkeit der Chronik halber — ebenfalls
ausführlich berichten, um so mehr uns die Ausführungen der Berichterstatter ein deutliches Bild von der hervorragenden Entwicklung des Museums wiedergeben.

Nachdem Se. Kgl. Hoheit Prinz Ludwig die Sitzung eröffnet hatte, erhielt Kgl. Baurat Dr. A. Rieppel das Wort zur
Erstattung des Geschäfts- und Finanzberichtes über das Jahr 1904,
sowie über den Etat für die Jahre 1905 und 1906. Redner führte
folgendes aus:

Als derzeitiger erster Vorsitzender des Vorstandsrates habe ich Ihnen
folgendes zu berichten.

Durch den Tod wurden uns im verflossenen Jahre entrissen:

Dr.-Ing. O. Intze, Geh. Regierungsrat und Professor in Aachen,
Dr.-Ing. Carl Lueg, Geh. Kommerzienrat in Düsseldorf.

Die Namen beider Männer sind im Deutschen Reiche und darüber
hinaus so klangvoll, daß von einem Eingehen auf die Verdienste der Heim-
gegangenen um Wissenschaft und Industrie an dieser Stelle abgesehen
werden kann. Wir verlieren in diesen beiden bedeutenden Technikern
warme Freunde und Förderer unserer Bestrebungen. Der Pflicht, ihr Andenken in Treue zu bewahren, werden wir in Dankbarkeit gerecht werden.
Zum Zeichen unserer Trauer bitte ich die Mitglieder der hohen Versammlung, sich von den Sitzen zu erheben.

An Stelle des Herrn Dr.-Ing. Intze wurde vom Reichskanzler Herr
Geh. Marinebaurat und Schiffsbaudirektor Jaeger in Berlin und für Herrn
Dr.-Ing. C. Lueg vom Verein deutscher Eisenhüttenleute Herr Hüttendirektor
Springorum in Dortmund ernannt.

Der Verein deutscher Eisenbahnverwaltungen benannte für den Vorstandsrat den Herrn Präsidenten v. Fuchs in Stuttgart und die deutsche
Bunsen-Gesellschaft Herrn Professor Dr. W. Muthmann in München.

Die vier neuen Mitglieder bitte ich unter herzlichster Begrüßung um
ihre Mitarbeit an unserm Unternehmen.

Der Vorstandsrat besteht nunmehr aus 51 Mitgliedern, von denen 10 vom Reichskanzler und der Bayerischen Staatsregierung, 20 von den in den Satzungen angeführten Körperschaften ernannt und 21 frei gewählt wurden.

Dem Ausschuß gehören zurzeit 321 Mitglieder an. Diese verteilen sich auf:

a) Reichs-, Staats- und Gemeindebeamte 68
b) Vertreter der Akademien und Hochschulen, Gelehrte, Professoren und Schriftsteller 112
c) Vertreter der Erwerbsstände 141

Die Zahl der Mitglieder hat im verflossenen Jahre in äußerst erfreulicher Weise zugenommen; sie stieg von 800 auf rund 1200. Dabei ist besonders wertvoll, daß sich die Mitglieder nicht nur über das ganze Reich sondern auch auf das Ausland verteilen, und daß darunter sich viele hohe Behörden und Städteverwaltungen befinden.

Die in der vorjährigen Ausschußsitzung beschlossenen Satzungsänderungen haben in der Zwischenzeit die Genehmigung des Reichskanzlers und der Kgl. Bayerischen Staatsregierung erhalten.

Heute sollen Ihnen weitere Satzungsänderungen vorgeschlagen werden, worüber der Vorstand eingehend berichten wird. Es sei hier nur angedeutet, daß bei den Vorschlägen die Museumsleitung von dem Gedanken ausgeht, dem Museum mehr und mehr den Charakter einer deutschen Nationalanstalt zu geben.

Über die Tätigkeit der Museumsleitung im verflossenen Jahre gibt Ihnen der vorliegende Verwaltungsbericht Ihres Vorstandes vollen Einblick.

Aus diesem Bericht möchte ich die Zuwendungen von Sammlungsgegenständen, von Büchern und Plänen, Urkunden und Autogrammen hervorheben.

Diese Mitteilungen zeigen Ihnen, wie rasch die Wertschätzung unseres gemeinnützigen Unternehmens wächst, und wie sich uns immer weitere Kreise in höchst anerkennenswerter Weise zuwenden.

Namens der Museumsleitung spreche ich auch an dieser Stelle unseren Stiftern und Förderern herzlichsten Dank aus.

Vermögensverhältnisse.

Der bayerische Landtag hat ebenso wie seinerzeit der Reichstag den Jahresbeitrag von 50 000 M. einstimmig genehmigt. Außerdem hat die Regierung von Oberbayern 6000 M. einstimmig genehmigt.

Abrechnung für 1904 und Etats für 1905 und 1906.

a) Die laufenden und außerordentlichen Einnahmen im Jahre 1904 betrugen 170 372 gegen 161 000 im Voranschlag, somit ein Mehr von 9372 M. Hierzu sind noch die 40 000 M. zu rechnen, die gemäß Ihres vorjährigen Beschlusses aus dem Museumsvermögen für Anschaffung von Sammlungsgegenständen zur Verfügung gestellt wurden.

Die laufenden bewirkten Ausgaben 1904 betrugen ohne Reservestellung und Übertrag auf neue Rechnung nur 44 004,32 M. gegen den Voranschlag von 157000 M., somit 112995,68 M. weniger. Hierzu die erzielten Mehreinnahmen von 9327 M. und ein rechnungsmäßiger Übertrag von 2000 M. gibt einen Überschuß von rund 124368 M.

b) Vorstand und Vorstandsrat beantragen, diesen Überschuß mit auf das Jahr 1905 zu übertragen, außerdem aber die für 1904 und 1905 aus dem Vermögen bewilligten, aber noch nicht verwendeten je 40000 M. für Neuananschaffungen aufrecht zu erhalten. Unter diesen Gesichtspunkten ist Ihnen für 1905 ein neuer Voranschlag, der mit 329669,42 M. Einnahmen und Ausgaben abschließen wird, in Vorlage gebracht.

Soviel sich bis jetzt übersehen läßt, werden die für 1905 veranschlagten Ausgaben um 57669,42 M. zurückbleiben. Ausserdem kommen die für 1904 und 1905 bewilligten 80000 M. für Neuanschaffungen nicht zur Verwendung.

c) Es wird beantragt, diese Beträge auf 1906 zu übertragen, außerdem aber für 1906 aus dem Vermögen weitere 110000 M. für Neuanschaffungen zu bewilligen.

Die Einnahmen und Ausgaben des Voranschlages für 1906 schließen unter dieser Voraussetzung mit 413970,42 M.

d) Die Ihnen vorgelegte Vermögensaufstellung für Ende 1904 ergibt 588908,22 M. eigenes Vermögen und 29000 M. für unter Eigentumsvorbehalt überlassene Gegenstände. Der Wert des von der Stadt München gestifteten Erbbaurechtes für die Kohleninsel ist dabei, da noch nicht notariell verbrieft, nicht berücksichtigt.

Die Abrechnung sowie der Vermögensstand für 1904 und die Etatsaufstellungen für 1905 und 1906 werden genehmigt.

Museumsräume.

Infolge der von der Kgl. Bayerischen Staatsregierung verfügten Instandsetzung der dem Museum überlassenen Räume im Alten Nationalmuseum, der Herstellung besonderer Hallen im Hofraum des Museums durch Herrn Kommerzienrat Kustermann, sowie der Hinzunahme von Räumen in der alten Isarkaserne ist nun die Möglichkeit gegeben, bei einem Gesamtausmaß von über 8000 qm Saalfläche bis zum Herbst 1906, für welche Zeit die Eröffnung des Museums in Aussicht genommen ist, bereits eine umfangreiche, wertvolle Sammlung in systematisch geordneter Weise dem allgemeinen Besuch zugänglich zu machen.

Die Vorarbeiten für den Museumsneubau auf der Kohleninsel wurde einer besonderen Baukommission übertragen.

Die Absicht, die Pläne durch einen Wettbewerb zu beschaffen, mußte aufgegeben werden, da die nötigen Vorverhandlungen mit den maßgebenden Behörden nicht genügend vorgeschritten waren und die Ausarbeitung des Projektes in diesem ganz besonders gelagerten Fall eine ständige Fühlungnahme des Vorstandes mit den Architekten erforderte. Die Baukommission faßte deshalb einstimmig den Beschluß, Herrn Dr. G. v. Seidl um die Anfertigung eines Vorprojektes zu ersuchen. Mit besonderer Freude und bestem Danke habe ich hier festzustellen, daß Herr Dr. G. v. Seidl diesem Wunsche in einer für das Museum von hoher Wertschätzung zeigenden Selbstlosigkeit entsprochen hat. Das Vorprojekt liegt vor. Die Kosten sind angenähert zu 7 Millionen M. ermittelt.

Bei dem vorgesehenen und nötigen großen Umfang der Neuanlage bedarf es der größten Opferwilligkeit seitens des Reiches, des bayerischen Staates, anderer deutschen Staaten sowie aller Kreise, die für die Fortentwicklung der Kultur unserer Nation ein warmes Herz haben. Ein Rückblick auf die letzten hundert Jahre der Geschichte Deutschlands zeigt, daß wir den hohen Stand der Wissenschaft und Technik und damit unseres Erwerbslebens dem harmonischen Zusammenwirken der Regierungen und des Volkes an einem systematischen Ausbau unserer Schulen und Fortbildungsmittel zum größten Teil zu verdanken haben Eine der wichtigsten Stützen dieser systematischen Steigerung der Bildung unserer Nation ist aber eine rasche Übersicht über das bereits Geleistete und die Pflege des idealen Strebens in Kunst und Wissenschaft. Unser Museum wird diese Stütze in hohem Maße sein; es wird unsern nachkommenden Geschlechtern ermöglichen, rasch den Gesichtskreis zu erweitern und in eine ersprießliche Mitwirkung der Erhöhung des Kulturstandes unseres Volkes einzutreten, ohne auf den dem deutschen Volke zum Glücke noch eigenen Idealismus zu verzichten. Ein solches Ziel verdient die kräftigste Unterstützung. Ich möchte deshalb namens der Museumsleitung an alle Deutschen, namentlich aber an die deutschen Regierungen, an die Vertreter des Volkes, an die kapitalkräftigen Erwerbskreise die Bitte richten, durch materielle Unterstützung und durch Zuwendung lebhafter Sympathien den Neubau des Museums und die Erweiterung der bereits in so aussichtsvoller Weise begonnenen Sammlung zu ermöglichen. Das Ansehen unserer Industrie und unseres Handels auf dem internationalen Markte ist durch die Tüchtigkeit der Leistungen und ihrer Vertreter begründet. Unser Museum wird erheblich dazu beitragen, die Leistungen dieser Kreise und damit das Ansehen zu erhöhen. Die dem Museum zugewendeten Geldmittel sind deshalb für diese Kreise als gut rentierende Anlagen anzusehen.

Zum Schlusse drängt es mich, Ihrem Vorstande und insbesondere dem geschäftsführenden Vorstandsmitgliede Herrn Baurat Dr. v. Miller den wärmsten Dank für die im verflossenen Jahre wiederum geleistete opferwillige, selbstlose und ersprießliche Tätigkeit auszusprechen. Wer Einblick in die Tätigkeit des Vorstandes hat, wird die Abstattung dieses Dankes, dem sich die hohe Versammlung sicher gerne anschließt, nur als eine selbstverständliche Pflicht erachten.

Alsdann brachte im Namen des Vorstandes und Vorstandsrates Herr Professor Dr. C. v. Linde Vorschläge für Änderung der bisherigen Satzungen ein und begründete dieselbe mit folgenden Worten:

Ich habe im Namen des Vorstandes und des Vorstandsrates einige Vorschläge für Änderung unserer Satzungen vorzulegen, welche sich wesentlich auf die Zusammensetzung des Ehrenpräsidiums und des Vorstandsrates sowie auf den künftigen Namen des Museums beziehen.

Die Entwicklung, welche unser Museum aufzuweisen hat, läßt erkennen, daß die Hoffnung auf eine Teilnahme nicht bloß aus Kreisen des engeren Heimatlandes, sondern des ganzen Deutschen Reiches keine trügerische war. So unerläßlich für die bescheidenste Lösung der großen Aufgabe eine so allgemeine Teilnahme von vornherein erschien, so mußte sich doch erst erweisen, ob unserem Unternehmen das Verständnis, das Vertrauen und die Freudigkeit entgegengebracht werden würden, welche als Voraussetzung für eine weitgehende Mitwirkung der ganzen Nation anzusehen waren. Wir dürfen mit dem Ausdrucke froher Dankbarkeit aussprechen, daß bisher diese Voraussetzung sich reichlich erfüllt hat. Aus allen deutschen Landen sind die sachlichen und tatkräftigen Erweisungen der Bereitwilligkeit zur Mitwirkung so zahlreich zusammengeströmt, daß unser Museum heute schon nicht mehr bloß nach seiner Satzung, sondern nach seiner ganzen Entstehung und Wirksamkeit eine echte deutsche Nationalanstalt geworden ist. Diese allseitige Beteiligung, welche die entscheidende Errungenschaft in der Geschichte unseres jungen Unternehmens darstellt, legt den Gedanken nahe, einerseits im Ehrenpräsidium den deutsch-nationalen Charakter mehr zu betonen und anderseits die deutschen Bundesstaaten zu einer Vertretung in unserem Vorstandsrate einzuladen.

Außerdem aber, und davon habe ich der Reihenfolge nach zuerst zu sprechen, die allseitig gewünschte Änderung des Namens unseres Museums neben der angestrebten Kürzung ebenfalls dem nationalen Gedanken Rechnung tragend; Vorstand und Vorstandsrat haben einstimmig beschlossen, Ihnen vorzuschlagen, daß dieser Name künftig lauten solle: ›Deutsches Museum‹. Mag zunächst diese Benennung anspruchsvoll erscheinen, so wird einerseits die Analogie mit ähnlichen Anstalten, wie dem Britischen Museum, dem Germanischen Museum u. a., anderseits der Hinblick auf die Bestimmung des Museums, Darstellung der Entwicklung einer großen, unserer Zeit ihr besonderes Gepräge gebenden Richtung der menschlichen Kultur, die Berechtigung zu solchem Namen erweisen. Um übrigens eine nähere Charakterisierung des Wesens unseres Museums in satzungsmäßiger Weise zu ermöglichen, schlagen wir vor, daß dem § 1 der Satzung folgender Wortlaut gegeben werde:

›Das Deutsche Museum hat den Zweck, als ein Museum von Meisterwerken der Naturwissenschaft und Technik die historische Entwicklung der naturwissenschaftlichen Forschung, der Technik und der Industrie in ihrer Wechselwirkung darzustellen usw.‹

Aus den soeben ausgesprochenen Erwägungen unterbreiten Ihnen sodann der Vorstand und Vorstandsrat den Antrag, daß der Reichskanzler, der Staatssekretär des Innern und der Kgl. Bayerische Staatsminister des Kgl. Hauses und des Äußern in das Ehrenpräsidium einzutreten gebeten werden, und daß dem Absatz 2 in § 4 der Satzung in Zukunft folgender Wortlaut gegeben werde:

›Es wird unter dem Ehrenpräsidium des Reichskanzlers, des Staatssekretärs des Innern und der Kgl. Bayerischen Staatsminister des Kgl. Hauses und des Äußern sowie des Innern beider Abteilungen durch folgende Organe verwaltet.‹

4*

Um fernerhin zu ermöglichen, daß die deutschen Bundesstaaten Vertreter in den Vorstandsrat entsenden können, wodurch die Beziehungen zwischen dem Museum und den einzelnen Staaten noch enger verknüpft werden würden, und um außerdem noch die Vertreter einiger technisch-wissenschaftlicher Vereinigungen aufnehmen zu können, schlagen wir Ihnen vor:

a) die Mitgliederzahl des Vorstandsrates, welche bisher nicht weniger als 25 und nicht mehr als 60 betragen soll, so zu erhöhen, daß sie in Zukunft nicht weniger als 50 und nicht mehr als 100 betrage.

b) die sächsische, württembergische, badische und hessische Staatsregierung zur Ernennung je zweier Vertreter und die übrigen Bundesstaaten, das Reichsland sowie die Freien deutschen Städte zur Ernennung je eines Vertreters einzuladen und

c) dem Germanischen Museum, dem Deutschen Verein von Gas- und Wasserfachmännern sowie der Deutschen Gesellschaft für Geschichte der Naturwissenschaft und Medizin die Entsendung je eines Vertreters anheim zu geben.

Unter entsprechender Anordnung der Reihenfolge würde der § 6 unserer Satzung in Ihren Händen befindliche Fassung erhalten, welcher wir Sie bitten, Ihre Genehmigung zu erteilen.

Nachdem die Satzungen einstimmig angenommen waren, ergriff Se. Exzellenz Staatsminister Freiherr v. Podewils das Wort:

Die eben besprochenen Satzungsänderungen sind im verflossenen Sommer dem Staatsministerium des Kgl. Hauses und des Äußern mit dem Ersuchen mitgeteilt worden, bei dem Reichskanzler, dem Staatssekretär des Innern und den sämtlichen Bundesregierungen die Anfrage über die Bereitwilligkeit zum Eintritt in das Ehrenpräsidium bzw. zur Entsendung von Vertretern in den Vorstandsrat des Museums zu vermitteln.

Ich bin diesem Ersuchen gerne nachgekommen. Über die hierauf eingelaufenen Antworten möchte ich Ihnen nun folgendes berichten:

Sowohl der Herr Reichskanzler Fürst Bülow, als der Herr Staatssekretär Graf Posadowsky haben hochwillkommenerweise erklärt, das ihnen zugedachte Ehrenamt mit Dank annehmen zu wollen. Reichskanzler Fürst Bülow hat dieser Erklärung beigefügt, daß er bemüht bleiben werde, die Bestrebungen des Museums auf seinem bereits in recht erfreulicher Weise beschrittenen Entwicklungsgange nach Möglichkeit zu unterstützen.

Staatssekretär Graf Posadowsky hat seine Annahmeerklärung in so verbindliche und für das Museum ehrende Worte gefaßt, daß ich mir nicht versagen kann, seinen Wortlaut zu verlesen:

»Die mir angetragene Mitgliedschaft im Ehrenpräsidium des Museums gestatte ich mir unter dem Ausdrucke des aufrichtigsten und verbindlichsten Dankes anzunehmen. Es gereicht mir zur besonderen Freude, der jungen, so verheissungsvoll ins Leben getretenen nationalen Anstalt durch ein persönliches Band anzugehören. Ich gebe der Hoffnung

Raum, daß die Anstalt durch das freudige und tätige Zusammenwirken aller berufenen Kräfte im Reich die ihr gestellte bedeutungsvolle Aufgabe erreichen wird, in unserm von naturwissenschaftlicher Erkenntnis und technischen Errungenschaften tief beeinflußten Zeitalter das Verständnis für Naturwissenschaft und Technik durch Aufdeckung und Vorführung ihrer historischen Werdegänge zu verbreiten und zu vertiefen.«

Auch von dem bayerischen Minister des Kgl. Hauses und des Äußern liegt ein Schreiben vor, das ich Ihnen nicht erst zu verlesen brauche. Der Minister spricht seinen wärmsten Dank für die ihn hoch ehrende Auszeichnung aus und verspricht sein Bestes zu tun, um sich durch eifrige und fleißige Erledigung der ihm zur Besorgung überwiesenen Angelegenheiten des Museums die Zufriedenheit und Anerkennung des Herrn Baurats Dr. Oskar v. Miller zu verdienen und sich derselben stets würdig zu erweisen.

Was die Anfrage wegen Bereitwilligkeit der Bundesregierungen zur eventuellen Entsendung von Vertretern in den Vorstandsrat betrifft, so sind die Antworten hierauf noch nicht vollständig eingelaufen.

Doch haben bereits eine erhebliche Anzahl von Bundesregierungen die Annahme erklärt, so, was ich vor allem als wichtig begrüße Preußen, Sachsen, ferner Hessen, Sachsen-Weimar, Sachsen-Altenburg, die Hansastädte Lübeck und Bremen und der Kaiserliche Staathalter von Elsaß-Lothringen.

Eine Anzahl von anderen Bundesstaaten haben erklärt, auf die Ent, sendung eines Vertreters, sei es überhaupt oder doch wenigstens zurzeit, verzichten zu sollen.

Von den übrigen Bundesstaaten, so namentlich Württemberg, Baden der Freien und Hansastadt Hamburg etc., sind die Antworten noch nicht eingegangen. Ich habe deshalb die Anfragen kürzlich wiederholt und hoffe bestimmt, daß noch eine Reihe von Zusagen erfolgen werden.[1])

Zum Schlusse meiner Mitteilungen möchte ich auch meinerseits nochmals jener werktätigen Unterstützung gedenken, die das Museum bereits bisher durch das Reich, durch Anstalten und Institute des Reiches und der deutschen Staaten, dann durch die deutschen Stadtverwaltungen erfahren hat. Ist mir diese Unterstützung, diese hochherzige Anteilnahme an seiner Entwicklung doch ein Beweis dafür, daß dem Museum in der öffentlichen Meinung jener Charakter gesichert ist, den wir ihm vor allem gewahrt wissen wollen, ich meine der Charakter einer Anstalt für das ganze im Reich geeinte deutsche Volk.

Seien Sie überzeugt, meine Herren, daß die Bayerische Staatsregierung, den hohen Intentionen unseres Allergnädigsten Regenten und Herrn folgend, diesem Werke um so freudiger ihre Fürsorge angedeihen läßt, als sie sich bewußt ist, damit einem nationalen deutschen Interesse zu dienen.

Geheimrat Prof. Dr. W. C. Röntgen führte aus:

Wir haben soeben aus dem Munde Sr. Exzellenz des Herrn Staatsministers v. Podewils zu unserer wahrhaft großen Freude vernommen, daß

[1]) Inzwischen sind die Zusagen von fast sämtlichen deutschen Bundesstaaten eingelangt.

ein inniger Wunsch des Museums in Erfüllung gegangen ist. Se. Durchlaucht der Herr Reichskanzler Fürst v. B ü l o w, Se. Exzellenz der Herr Staatssekretär des Innern Graf v. P o s a d o w s k y und Se. Exzellenz der Herr Staatsminister des Kgl. Hauses und des Äußern Freiherr v. P o d e w i l s haben ihre Zustimmung zu ihrer Wahl in das Ehrenpräsidium gegeben.

Die Ehrenpräsidenten sind die Paten unseres in den ersten Stadien der Entwicklung stehenden Museums, und das über so viele, einflußreiche und ihm wohlgesinnte Gönner glückliche Patenkind hat mich beauftragt, den genannten Herren in dieser feierlichen Sitzung seinen Dank auszusprechen.

Dadurch, daß die Namen des Reichskanzlers und des Staatssekretärs unter denen der Ehrenpräsidenten in Zukunft aufgeführt werden, ist dem Museum für alle Zeiten der Stempel einer deutschen Nationalanstalt aufgedrückt; die Interessen des Museums gehören zu dem Interessenkreis des Reiches, und wir dürfen hoffen, daß das Reich uns seine uns so notwendige Unterstützung auch weiter zuteil werden lassen wird. Für dieses ungemein wertvolle Patengeschenk schulden wir den genannten hohen Beamten des Deutschen Reiches den ehrerbietigsten und wärmsten Dank.

Daß diese hohe Anerkennung uns zuteil wurde, und daß das Museum zu den deutschen Bundesstaaten in nähere Beziehungen hat treten können, das ist wesentlich das Werk Sr. Exzellenz des Herrn Staatsministers v. P o d e w i l s.

Von den ersten Tagen der Gründung des Museums an hat Se. Exzellenz fortwährend unserem Museum seinen maßgebenden Einfluß zugute kommen lassen und unser Unternehmen tatkräftig unterstützt. Wir haben deshalb geglaubt, als äußeres Zeichen unseres aufrichtigen Dankes an Se. Exzellenz die Bitte richten zu dürfen, das Amt eines Ehrenpräsidenten übernehmen zu wollen. Für die Annahme dieses Amtes dankt das Museum Sr. Exzellenz herzlichst.

Möge Se. Exzellenz uns in Zukunft sein Wohlwollen erhalten und eingedenk des jugendlichen Alters seines Patenkindes die Geduld nicht verlieren!

Hierauf berichtet Rektor Magn. der Technischen Hochschule München, Professor Dr. W. v. D y c k:

Ich habe Ihnen von der Ausführung der im Vorjahre gefaßten Beschlüsse bezüglich der Aufnahme von Gemälden und Büsten von Männern, deren Wirksamkeit für die Entwicklung der Naturwissenschaft und Technik grundlegend gewesen ist, zu berichten.

Es wurde damals der Beschluß gefaßt, zunächst die Bildnisse von

Gottfried Wilhelm Leibniz und Otto v. Guericke,
Karl Friedrich Gauss und Joseph v. Fraunhofer,
Alfred Krupp und Werner v. Siemens,
Robert Mayer und Hermann v. Helmholtz

im Ehrensaal unseres Museums aufzustellen.

Se. Exzellenz der Herr Staatsminister Graf v. F e i l i t z s c h konnte schon damals die frohe Botschaft verkünden, daß Se. Kgl. Hoheit Prinzregent

Luitpold die Bildnisse von Karl Friedrich Gauss und Joseph v. Fraunhofer zu stiften sich entschlossen hat, ein sichtbares Zeichen des besonderen Interesses, welches unser gnädiger Regent dem großen nationalen Unternehmen entgegenbringt.

Auch an dieser Stelle dürfen wir unserem ehrfurchtsvollen Danke dafür Ausdruck geben, freudigen Herzens und in der Zuversicht, welche das von Sr. Kgl. Hoheit bewiesene Vertrauen in die große Sache uns verleiht.

Mit der Ausführung der beiden Bildnisse wurde der Kgl. preussische Hofmaler Professor Wimmer betraut, der schon einmal ein treffliches Gemälde Fraunhofers geschaffen.

Für die getreue Wiedergabe der beiden Gelehrten haben uns die hiesige wie die Göttinger Akademie der Wissenschaften ein reiches Material zur Verfügung gestellt.

Die Herren werden die beiden Bildnisse, ebenso wie diejenigen von Guericke und Leibniz, morgen im Ehrensaal aufgestellt finden. Die Umrahmungen mit den Inschriften sind nach den Entwürfen Gabriel v. Seidls von den Herren Bernhard Halbreiter und Rupert v. Miller ausgeführt und gestiftet.

Die Inschriften, durch welche die Lebensarbeit jener Männer in kurzer allgemein verständlicher Form dem Beschauer vor das Auge geführt wird, lauten:

Josef v. Fraunhofer,

geboren in Straubing am 6. März 1787,
gestorben in München am 7. Juni 1826.

Seinem Auge haben sich neue Gesetze vom Licht erschlossen,
Näher gerückt sind uns die Sterne durch die Meisterwerke seiner Hand.

Karl Friedrich Gauss,

geboren in Braunschweig am 30. April 1777,
gestorben in Göttingen am 23. Februar 1855.

Sein Geist drang in die tiefsten Geheimnisse der Zahl, des Raumes und
der Natur;
Er maß den Lauf der Gestirne, die Gestalt und die Kräfte der Erde;
Die Entwicklung der mathematischen Wissenschaften eines kommenden Jahrhunderts trug er in sich.

Die Ausführungen der Bildnisse v. Leibniz und v. Guericke hat im Auftrage des Museums Herr Professor Claus Meyer in Düsseldorf in dankenswerter und uneigennützigster Weise übernommen. Für Leibniz' Porträt lag zahlreiches von Herrn Direktor Gräven in Trier überlassenes Material vor. Hierzu lauten die Inschriften:

Gottfried Wilhelm Leibniz,

geboren in Leipzig am 1. Juli 1646,
gestorben in Hannover am 14. November 1716.

Der universellste und vielseitigste Gelehrte der deutschen Nation, der Schöpfer
der Analysis des Unendlichen,
Bahnbrechend auf vielen Gebieten der Naturkunde und Volkswirtschaft,
Verdienstvoll als Staatsmann und Historiker, Philosoph und Poet,
Unermüdlich tätig für die Organisation wissenschaftlicher Arbeit, für die
Verbreitung gemeinnütziger Kenntnisse.

Otto v. Guericke,
geboren in Magdeburg am 20. November 1602,
gestorben in Hamburg am 11. Mai 1686.

Der deutsche Begründer der experimentellen Wissenschaften;
Luftpumpe und Elektrisiermaschine haben seinen Namen berühmt gemacht;
Mit ihnen hat er weite Gebiete physikalischer Erkenntnis erschlossen,
wesentliche Grundlagen der Maschinentechnik geschaffen.

Für Werner v. Siemens und Alfred Krupp hat der Verein deutscher
Ingenieure Marmorreliefs gestiftet, deren Ausführung Professor v. H i l d e -
b r a n d übertragen ist. Wir dürfen sie als Patengeschenk der deutschen
Ingenieure betrachten, die bei der Münchener Tagung des Vereins das Museum
mitbegründet haben, und sagen dafür herzlichen Dank.

Für die Reliefs sind folgende Inschriften bestimmt:

Werner v. Siemens,
geboren in Leuthe am 13. Dezember 1816,
gestorben in Charlottenburg am 5. Dezember 1892.

Ein Gelehrter und ein Techniker zugleich hat er der Ersten einer
Mit erfindungsreichem Geist den elektrischen Strom der Menschheit dienstbar
gemacht.

Alfred Krupp,
geboren in Essen am 26. April 1812,
gestorben in Essen am 14. Juli 1887.

Er hat mit eiserner Ausdauer, flammender Kühnheit und gestaltender Geistes-
kraft aus der Hütte des Kleinschmiedes heraus die Stahlindustrie zu ihren
höchsten Leistungen geführt, zu Deutschlands Ehr' und Wehr.

Für Robert Mayer und Hermann v. Helmholtz werden im Auftrag des
Museums Hermensäulen aus Marmor aufgestellt.

Das Gipsmodell der Herme Robert Mayers hat Professor v. R u e -
m a n n , der Schöpfer des Heilbronner Denkmals, dem Museum gestiftet.
Er wird auch die Ausführung in Marmor übernehmen.

Die Hermensäule von Hermann v. Helmholtz wird nach einem Original
von Professor v. H i l d e b r a n d , der die Kopierung für das Museum in ent-
gegenkommender Weise gestattet, durch Herrn Professor E. K u r z ausgeführt.

Die Inschriften der beiden Säulen sind:

Robert Mayer,

geboren in Heilbronn am 21. November 1814,
gestorben in Heilbronn am 20. März 1878.

Die Gleichwertigkeit von Wärme und Arbeit hat er zuerst als ein Grundgesetz
der Natur erfaßt und in ihren mannigfaltigen Beziehungen nachgewiesen.

Hermann v. Helmholtz,

geboren in Potsdam am 31. August 1821,
gestorben in Berlin am 8. September 1894.

Er faßte in strengem Ausdruck das Gesetz der Wechselwirkung aller Kräfte
der Natur,
Licht und Tonempfindung erforschte er als Arzt, als Physiologe, als Physiker
und Künstler,
Mit dem Blick des Mathematikers und Philosophen drang sein universeller
Geist zu den Grundlagen menschlicher Erkenntnis.

Im Auftrage von Vorstand und Vorstandsrat habe ich Ihnen die Aufnahme der Bildnisse zweier weiterer Gelehrten für den Ehrensaal des Museums
vorzuschlagen, von

Robert Bunsen,

dem Meister der exakten physikalisch-chemischen Forschung auf dem Gebiete
ihrer Anwendung auf kosmische und technische Probleme und von

Justus v. Liebig,

dem Reformator der organischen Chemie und ihrer Anwendung auf die
Physiologie der Pflanzen und Tiere, im besonderen in der Landwirtschaft,
der Organisator des chemischen Unterrichts.

Die Aufstellung der Bildnisse von Robert Bunsen und Justus v. Liebig
im Ehrensaale des Museums wird beschlossen.

Es gereicht mir zu besonderer Freude und Ehre, den Herren noch
Kenntnis geben zu dürfen davon, daß der Wunsch, ein Bildnis

Sr. Kgl. Hoheit Prinz Ludwig von Bayern,

als des erhabenen Protektors unseres Museums, der in der denkwürdigen
Sitzung vom 28. Juni 1903 die Konstituierung des Museums von Meisterwerken der Naturwissenschaft und Technik vollzogen und ihm seither sein
werktätiges Interesse dauernd gewidmet, in unserem Museum aufstellen zu
können, verwirklicht ist durch die Stiftung eines Bronzereliefs Sr. Kgl. Hoheit
von seiten des Herrn Reichsrates Erzgießer Ferdinand v. Miller.

Ihm, wie allen Förderern unserer Sache aufrichtigen Dank.

Hierauf berichtet Kgl. Baurat Dr. Oskar v. Miller über
die Ausgestaltung des provisorischen Museums und über den
Museumsneubau.

Meinen Bericht über das provisorische Museum möchte ich mit dem
herzlichsten Danke an alle Referenten und Mitarbeiter beginnen, die die
Güte hatten, uns bei den Vorarbeiten zu unterstützen.

Ich betrachte es als einen der größten Erfolge unseres Unternehmens, daß die hervorragendsten wissenschaftlichen und technischen Autoritäten aus allen Teilen des Deutschen Reiches sich bereit erklärt haben, uns ihren Rat und ihre Hilfe bei Auswahl und Beschaffung der Museumsobjekte zuteil werden zu lassen.

Eine systematische Auswahl der historischen Meisterwerke und der zu ihrem Verständnis nötigen Lehrmodelle und Demonstrationseinrichtungen ist unbedingt erforderlich, wenn das Museum nicht eine Kuriositätensammlung werden soll, in der die verschiedenartigsten Objekte nur nach Zufall zusammengetragen und ohne wissenschaftliche und technische Prinzipien aufgestellt sind. Wenn unser Museum die Entwicklung der exakten Naturwissenschaft und der verschiedenen Zweige der Technik in wirklich belehrender Weise darstellen will, so muß jedes Werk erkennen lassen, wie es auf den Errungenschaften der vorhergehenden Forschungen und Schöpfungen aufgebaut ist, und wie es zum Ausgangspunkt neuer Verbesserungen und Fortschritte geworden ist. Ein derartig organisiertes Museum wird zu einem lebendigen Lehrbuch der Naturwissenschaften und der Technik werden. Es bildet eine Schule, in der nicht einzelnen Schülern, sondern der ganzen Nation in der faßlichsten und eindringlichsten Weise das Verständnis für die bisherigen Forschungen und Schöpfungen beigebracht und eine Fülle von Anregungen zu neuen Fortschritten gegeben wird.

Wenn ich nun mit der Beschreibung der einzelnen Museumsgruppen beginne, so bitte ich zu entschuldigen, daß die Kürze der mir zur Verfügung stehenden Zeit es nicht gestattet, alle wichtigen Stiftungen hierbei zu erwähnen und den Stiftern, sowie den Personen, die uns bei der Beschaffung und Aufstellung behilflich waren, speziell zu danken.

Sie werden die Besichtigung des Museums in dem Saale für G e o l o g i e beginnen. Abweichend von geologischen Sammlungen wird hier nicht die allmähliche Entwicklung der Erdschichten als solche, sondern die allmähliche Erkenntnis dieser Entwicklung durch die Forschungen hervorragender Männer zur Darstellung zu bringen sein. Zunächst soll durch Bilder und Modelle gezeigt werden, wie sich die Kenntnis von der Gestalt der Erde seit den Zeiten der Babylonier bis zu den Forschungen von Kant und Laplace vervollkommnet hat.

Durch Modelle und Bilder wird ferner die allmähliche Erkenntnis der Umgestaltung der Erdoberfläche durch Vulkane, Wasser und Eis zur Darstellung gebracht werden.

An verschiedenen Gesteinsproben wird gezeigt werden, wie hervorragende Forscher allmählich die Zusammensetzung der Gesteine und Gebirge erkannten, wie man in ihnen die ersten Zeugen des organischen Lebens fand, wie man trotz mancher später als irrtümlich erkannten Theorie allmählich so weit kam, daß mit großer Annäherung an die Wirklichkeit die Erdoberfläche zur Eiszeit, zur Kohlenzeit usw. im Bilde rekonstruiert werden konnte. Kleine Dioramen, denen die Angaben der maßgebendsten Forscher auf diesem Gebiete als Grundlage dienen, sind in Ausführung begriffen.

Den Abschluß der geologischen Abteilung bilden geologische Reliefs nach den Angaben hervorragender Geologen, wie z. B. ein Gletscherrelief von Heim usw., ferner eine Entwicklungsreihe der geologischen Karten, welche über das Erdinnere mit immer größerer Klarheit Aufschluß geben.

In der anschließenden Gruppe für Bergwesen befinden sich zunächst die zur Auffindung der Lagerstätten dienenden Einrichtungen, angefangen von der alten Wünschelrute bis zu den neuesten Tiefbohrbetrieben. Hieran reiht sich der Abbau der Lagerstätten, der Ausbau der Strecken und Schächte, die Förderung, die Wasserhaltung und die Wetterführungen von den primitiven Anlagen alter Zeit, wie sie Agricola beschreibt, bis zu den vollendetsten technischen Einrichtungen.

Ein deutliches Bild von den Meisterwerken der Technik wird die Sammlung der Werkzeuge von den ersten Handbohrern bis zu den geschnittenen Originalen aufzustellenden hydraulischen, pneumatischen und elektrischen Bohrmaschinen geben.

Von besonderem Interesse werden die großen Wandgemälde sein, die ganze Bergwerksanlagen teils in Ansicht, teils im Schnitt nach den Angaben der berufensten Fachleute darstellen. Es sind hierfür die Goldwäschereien Kaliforniens, die alten Salzbergwerke, die berühmten Erzbergwerke der Fugger, die Petroleumfelder in Baku und die mit den hervorragendsten technischen Einrichtungen ausgestatteten neueren Kohlenbergwerke in Aussicht genommen.

An den Bergbau schließt sich das Metall- und Eisenhüttenwesen. Im Metallhüttenwesen soll vor allem die Gewinnung der wichtigsten Metalle, wie Kupfer, Blei, Silber, Zink usw., durch Schnittmodelle der Öfen dargestellt werden, doch sollen auch weitere besonders interessante Verfahren, wie z. B. die elektrische Gewinnung von Aluminium, Berücksichtigung finden.

Die Entwicklung des Eisenhüttenwesens wird durch die verschiedenen Ofensysteme und ihre Nebenanlagen, wie Winderhitzer usw., zur Darstellung gebracht. Selbstverständlich wird auch der Bereitung von Schweißeisen und Flußeisen durch die alten Rennfeuer und Puddelöfen einerseits, durch die Verbesserung des Tiegelgusses, des Bessemerprozesses und des Martinprozesses anderseits ein hervorragender Platz in der Gruppe für Eisenhüttenwesen eingeräumt werden. Auch dem Laien soll die Großartigkeit dieser Prozesse durch Bilder, durch Modelle ganzer Hochofenanlagen, sowie durch die Aufstellung einer Originalbessemerbirne in natürlicher Größe vor Augen geführt werden.

Der nächte Saal soll die Metallbearbeitung zeigen, doch kann hier nur die erste Formgebung durch Gießen, Schmieden und Walzen zur Darstellung kommen. Hierbei soll das Gießen durch die verschiedenen Arten der alten und neuen Öfen, durch die verschiedenen Formmethoden und Formmaschinen erläutert werden. Die Entwicklung des Schmiedens werden einerseits eine alte Schmiede, anderseits Modelle großer Hämmer, wie des Dampfhammers »Fritz«, zeigen, während die gewaltigen Pressen, die jetzt zum Teil die Hämmer ersetzen, im Bilde dargestellt werden sollen. Auch der Prozeß des Walzens und seine allmähliche Entwicklung, darunter das berühmte Mannesmannverfahren, wird dem Laien durch Modelle und Zeichnungen verständlich gemacht.

Der nun folgende Maschinenbau beginnt mit den Pumpen und Gebläsen. Dabei dürfte das größte Interesse ein von Geheimrat Riedler gestiftetes Modell erwecken, das für ein Bergwerk die Entwicklung der Pumpenanlage von der Einführung des Dampfbetriebes bis zur neuesten Vervollkommnung in der für jedes Pumpensystem charakteristischen Aufstellung und Betriebsweise dargestellt. Den Abschluß der Gebläse aus alter und neuer Zeit bilden die Druckluft- und Windmotoren, wobei auch Modelle der typischen Windmühlen einerseits und der neuesten Windturbinen anderseits vorgesehen sind.

Der nächste Saal enthält die Wassermotoren von den ältesten Rädern bis zu den vollkommensten Turbinen, wobei die Darstellung sowohl durch Originale, als auch durch betriebsfähige Modelle erfolgen soll. Von ganz besonderer Bedeutung unter den Wassermotoren ist die im Original aufgestellte Reichenbachsche Wassersäulenmaschine, die fast 100 Jahre lang die Sole von Berchtesgaden nach Reichenhall beförderte. Den Abschluß der Gruppe für Wassermotoren werden Modelle und Zeichnungen besonders interessanter Wasserkraftanlagen wie z. B. die Anlage am Niagara u. dgl. bilden.

Eine schon jetzt ziemlich vollkommene Gruppe ist jene der Dampfmaschinen und Dampfkessel. Sie wird eröffnet durch die älteste noch in Deutschland befindliche Maschine nach Wattschem System mit hölzernem Steuerbaum, die trotz des mächtigen Zylinders kaum 17 Pferdekräfte zu liefern vermag. Ein altes Kunsthaus wird die merkwürdige Aufstellung dieser Maschinen, die mehrere Stockwerke in Anspruch nahmen, den Besuchern zeigen.

An diese älteste Maschine schließt sich eine eiserne Balanciermaschine der Gutehoffnungshütte, die lange Zeit allein die ganzen Werke von Krupp betrieb. Es folgt eine Maschine von Alban in dorischem Aufbau mit aufgehängtem, oszillierendem Zylinder, eine alte Corlißmaschine, die erste Ventilmaschine von Sulzer usw. Neben einer alten 40 pferdigen Seitenbalanciermaschine, die Cockerill im Jahre 1841 für einen der ersten Rheindampfer baute, steht die 1000 pferdige Dreifachexpansionsmaschine des Torpedobootes SI, das einst in schwerer Konkurrenz dem deutschen Schiffbau zum Siege verhalf.

Daran reihen sich alle die geistreichen Verbesserungen der Dampfmaschinen bis zur Dampfturbine, die jetzt so mächtigen Aufschwung nimmt, und von der wir durch den Erfinder Parsons eine der ersten Originalmaschinen erhalten haben. Auch die Kessel sind bereits ziemlich vollständig durch einen der ältesten Kofferkessel, einen Originalröhrenkessel von Alban und durch Modelle der neuesten Kesseltypen vertreten.

Das Modell einer Dampfzentrale, in welchem die hervorragendsten Maschinen und Kesseltypen gleicher Leistung einander gegenübergestellt sind, wird den Abschluß dieser Gruppe bilden.

Der Lokomobilenbau ist durch die erste Lokomobile von Wolf, durch Modelle hervorragender Verbesserungen, wie der Heißdampflokomobile, sowie durch die Nachbildung einer ganzen Lokomobilenzentrale dargestellt.

Eine besonders wichtige Abteilung ist die Gruppe für Gasmotoren, in der sich als Vorläufer die einst so vielversprechenden Heißluftmaschinen von Ericsson und Lehmann, ferner ein Gasmotor von Lenoir, die atmosphärische Maschine von Langen, die Nachbildung des ersten Gasmotors von Otto und die Modelle der neuen großen Gasmotoren befinden. Die Motoren für flüssige Brennstoffe werden durch den ersten Petroleummotor von Daimler, durch die Spiritusmotoren, vor allem durch den ersten Dieselmotor vertreten sein.

In der Gruppe für Elektrotechnik werden alte magnetelektrische Maschinen, die erste Dynamomaschine von Siemens, die berühmten Typen von Gramme, Hefner-Alteneck, Schuckert, Edison usw. im Original aufgestellt werden. Eine Sammlung von Akkumulatoren wird die Entwicklung dieses wichtigen Zweiges der Elektrotechnik zeigen. Die ersten wie die größten Zentralstationen mit den verschiedenen Arten der Stromsysteme und Stromverteilung sollen durch Bilder und Zeichnungen dargestellt werden.

In dem Saale für Landtransportmittel befinden sich zunächst die Modelle der Fuhrwerke von der ältesten bis zur neuesten Zeit.

Daran schließt sich eine Sammlung von Fahrrädern bis zurück zu den ersten Typen.

Es folgt die Entwicklung der Automobile, wobei die uns bereits zur Verfügung gestellten ersten Originalwagen von Daimler und von Benz besonderes Interesse hervorrufen dürften.

Der Lokomotiv- und Eisenbahnwagenbau wird in zahlreichen Modellen in seiner allmählichen Entwicklung zur Darstellung kommen, doch sollen auch Lokomotiven in natürlicher Größe, wie z. B. die Nachbildung der ersten Lokomotive ›Puffing Billy‹, die preisgekrönte Lokomotive von Krauß, sowie eine in der Mitte durchschnittene Schnellzugslokomotive von Maffei aufgenommen werden.

Neben den Wagen und Lokomotiven werden auch die verschiedenen Bahnsystemen, die Zahnradbahnen, die Seilbahnen, die Schwebebahnen vor allem aber auch die elektrischen Bahnen durch Modelle und Bilder gezeigt werden, wobei den Glanzpunkt der elektrischen Bahnen die uns gestiftete erste elektrische Lokomotive von Siemens bilden wird.

An die Bahnen schließt sich sodann das Signalwesen, das teils im Saale an Modellen, teils im Hofraum des Museums an wirklichen Signal- und Weicheneinrichtungen studiert werden kann.

Die letzte Gruppe des Maschinenwesens bilden die Hebemaschinen, deren Entwicklung für das Bau- und Bergwesen, sowie für den Hafen- und Schiffsbetrieb gesondert gezeigt werden soll.

Hierbei wird der Einfluß des alten Handbetriebes, des Dampfbetriebes, des hydraulischen und des elektrischen Betriebes möglichst klar zum Ausdruck kommen. Einen Hauptanziehungspunkt dürften die Schiffshebewerke und darunter besonders das von der Firma Krupp gestiftete große Modell bilden.

Gleichsam den Übergang zu den rein wissenschaftlichen Gruppen bildet die Kinematik, deren Objekte nach einer von Herrn Professor Hartmann entworfenen Einteilung in streng systematischer Weise aufgestellt werden sollen.

Die wissenschaftlichen Gruppen beginnen mit der mathematischen Abteilung, welche die verschiedenen Arten der Rechenmaschinen, Planimeter, Pantographen, vollständige Serien von geometrischen Modellen usw. enthält.

Hieran schließen sich als erste Abteilung des Meßwesens die Uhren und zwar zunächst die verschiedenen Sonnenuhren, Sand-, Wasser- und Öl-uhren, sodann die Taschenuhren von den ersten eisernen Werken mit Schweinsborsten als Reguliermechanismen bis zu den vollkommensten neuesten Werken, zu deren Erläuterung vergrößerte Lehrmodelle vorgesehen sind. Es folgen in historischer Entwicklung die Turmuhren, die Standuhren und Wanduhren, die elektrischen Uhren und als Beispiel der höchsten Genauigkeit der Zeitmessung eine Originaluhr von Riefler mit Nebenuhr und allen Schalteinrichtungen.

Auch die Herstellung der Uhren soll von der Anfertigung in der alten Uhrmacherwerkstätte bis zur Massenfabrikation in den modernsten Fabriken dargestellt werden.

Unter den Meßapparaten folgt nun eine Sammlung von Wagen, an welchen man die immer weiter reichende Genauigkeit beobachten kann. Einen weiteren Teil der Gruppe Meßwesen bilden die Thermometer, Hygrometer, Baro-meter, darunter die 12 m hohe Nachbildung des Wasserbarometers von Otto v. Guericke. Es folgen dann Geschwindigkeitsmesser und Arbeitsmesser, die verschiedenen Arten der elektrischen Meßinstrumente, wie Amperemeter, Volt-meter, Wattmeter, die Verbrauchsmesser für Gas, Wasser und Elektrizität usw.

In der nun folgenden Gruppe für Geodäsie, in der die verschiedenen Arten von Distanzmessern, Nivellierinstrumenten, Theodoliten, Bussolen aufgestellt sind, befinden sich Meisterwerke von Brander, Utzschneider, Ertel usw., es sind darin aber auch enthalten die bekannte Längenteil-maschine von Repsold und die berühmte Kreisteilmaschine von Reichenbach, denen in erster Linie die hohe Vervollkommnung der Meßinstrumente zu verdanken ist.

In der Gruppe für Astronomie sollen vor allem die einander fol-genden Weltanschauungen von Ptolemäus, von Tycho de Brahe und von Kopernikus, durch alte Planetarien oder deren Nachbildung erläutert werden. Es folgen sodann die Instrumente zur Beobachtung der Gestirne, darunter die alten Quadranten der Würzburger Sternwarte, die hölzernen Spiegel-teleskope von Newton und die Modelle der neuesten Fernrohre, großer Stern-warten, wobei durch Sternbilder die Genauigkeit der Beobachtung zu den verschiedenen Zeiten und mit den verschiedenen Instrumenten gezeigt werden soll. An die Fernrohre schließen sich die astronomischen Spezialinstrumente auf astrophysikalischem Gebiete, wie Photometer, spektroskopische Apparate usw. Schließlich soll der Bau und die Einrichtung ganzer Sternwarten, der altarabischen, chinesischen und mittelalterlichen Observatorien, sowie der größten astronomischen Institute der Neuzeit durch Bilder und Modelle dargestellt werden.

In der Gruppe Mechanik sollen durch Modelle und Zeichnungen die Grundgesetze wie sie von Archimedes, Galilei, Newton usw. aufgestellt wurden, deren weitere Verfolgung durch spätere Forscher und deren Bedeu-tung für die verschiedenen Zweige der Technik den Besuchern klar gemacht werden.

Ein besonderer Ehrenplatz ist für die Versuche von Otto v. Guericke über den Luftdruck vorgesehen, und sollen hieran anschließend einerseits die verschiedenen Arten von Luftpumpen, anderseits die verschiedenen interessanten Experimente im luftleeren Raum vorgeführt werden.

Die nächstfolgende Gruppe Optik enthält Demonstrationsapparate, die die optischen Gesetze über Fortpflanzung, Reflexion und Brechung des Lichtes, über Polarisation, Beugung usw. in so klarer Weise erläutern, daß das Wesen dieser oft wunderbaren Erscheinungen auch dem Laien verständlich wird. Die praktische Anwendung der optischen Gesetze kann an den verschiedenen Systemen von Fernrohren, Mikroskopen, Spektral- und Polarisationsapparaten, unter denen sich Meisterwerke von Fraunhofer, Steinheil, Abbe, Schwerd usw. befinden, beobachtet werden. Auch die Einwirkung des Lichtes und der Farben auf das menschliche Auge soll im Anschluß an die optischen Gesetze zur Darstellung kommen.

In der nun folgenden Gruppe Wärme befinden sich insbesondere die außerordentlich geistreich erdachten Meßapparate, die von den verschiedenen Gelehrten zur Bestimmung der Ausdehnung durch die Wärme, zur Bestimmung der Wärmemengen und der spezifischen Wärme konstruiert worden sind.

Äußerlich unscheinbar, historisch aber ungemein wertvoll ist ein Originalapparat von Robert Mayer, den er mit finanzieller Unterstützung des Württembergischen Gewerbemuseums ausführen ließ, um zu versuchen, ob seine berühmten Gesetze über Wärmeäquivalent auch für die Industrie vorteilhaft verwertet werden können.

In der Gruppe Akustik befindet sich vor allem die modellweise Darstellung der Wellen und ihrer Gesetze, ferner Demonstrationsapparate, welche die Erzeugung der verschiedenen Töne, die Fortpflanzung des Schalles usw. dem Museumsbesucher verständlich machen, und welche den Anteil der einzelnen Forscher an der Entdeckung dieser Gesetze erkennen lassen.

Auch die optische und mechanische Aufzeichnung der Töne und Laute soll gezeigt werden, darunter die Entwicklung des Phonographen, wobei jedoch auch die wissenschaftliche Anwendung dieses Instrumentes, wie z. B. zur Erhaltung aussterbender Sprachen, zur Darstellung kommen soll.

An die physikalische Akustik schließt sich deren praktische Anwendung, der Instrumentenbau und sollen hier die Lärm- und Klanginstrumente, wie Trommeln und Glocken, die Holz- und Blechblasinstrumente, die Saiteninstrumente zum Streichen und Zupfen, die Klaviere und Orgeln, sowie die technisch hervorragenden Automaten von ihren ursprünglichen Formen bis zu ihrer heutigen technischen Vollkommenheit aufgenommen werden.

In der Gruppe Magnetismus und Elektrizität sollen die magnetischen Gesetze teils durch Demonstrationsmodelle, teils durch hervorragende Originale, wie die erdmagnetischen Apparate von Gauß, Lamont usw., vorgeführt werden.

Es folgen die Maschinen und Apparate für statische Elektrizität, wie die erste Elektrisiermaschine von Guericke, die verschiedenen Formen der Leydener Flaschen, die Originalinfluenzmaschinen von Toepler, ferner die Apparate von Galvani, Volta, Ampère, Ohm mittels welcher sie die elektrischen Ströme untersuchten; die Induktionserscheinungen mit den ersten

Versuchen und Aufzeichnungen von Faradays Hand werden ebenfalls im Museum vertreten sein. Schließlich werden in dieser Gruppe die Geißler-schen Röhren und die Originalapparate von Hittorf aufgestellt werden und auch die uns zugesicherten Erstlingsapparate von Röntgen sollen hier ihren Ehrenplatz erhalten. Als Vorläufer der drahtlosen Telegraphie werden in dieser Gruppe auch die Originalapparate von Feddersen, sowie Nachbildungen der Hertzschen Apparate zu sehen sein, während die drahtlose Telegraphie selbst durch Herrn Dr. Scholl in der Gruppe für Telegraphie und Telephonie zur Darstellung kommt.

Diese Gruppe enthält ferner die ganze Entwicklung der Telegraphen-apparate, unter denen sich verschiedene wertvolle Originale von Steinheil, Siemens usw. befinden. Sie zeigt die Entwicklung des Telephonwesens von dem im Original vorhandenen Apparat von Philipp Reis bis zur heutigen Vervollkommnung, und es wird den Besuchern möglich sein, nicht nur die neuesten sinnreich erdachten Umschaltevorrichtungen der Telephonzentralen zu sehen, nicht nur Opernübertragungen zu hören, sondern sich auch von der Wirkung der sogenannten sprechenden Bogenlampe, von der Lichttele-phonie usw. zu überzeugen.

An die Gruppe Telegraphie und Telephonie schließt sich die Gruppe für Reproduktionstechnik, in der zunächst das Schreiben in alter und neuer Zeit mit Griffel, Pinsel, Feder, bis zur Entwicklung der Schreibmaschine dargestellt wird.

Daran anschließend wird die Entwicklung des Buchdruckes, mit der Nachbildung der Presse Gutenbergs beginnend, bis zu den Modellen der modernsten Schnellpressen gezeigt werden.

Es käme dann der Illustrationsdruck in seinen verschiedenen Arten als Holzschnitt, Kupferstich, Lithographie, ferner die neueren Verfahren wie Autotypie, Photogravure und Lichtdruck usw. Hierbei werden nicht nur Druckproben, sondern auch die dabei zur Anwendung kommenden Pressen usw., z. B. die Originalpresse von Senefelder, zu sehen sein. Neben den Druckverfahren wird auch die Photograpie den ihr gebührenden Platz finden und zwar von der ersten Zeit Daguerres und Talbots an bis zu der jetzigen hohen Vollkommenheit, mit den allmählich verbesserten Objektiven, mit den mannigfaltigen Kameras, mit den zahlreichen Negativ- und Positivpro-zessen und mit den photographischen Werkstätten, wie sie in alter Zeit eingerichtet und in neuer Zeit mit allen Hilfsmitteln der Wissenschaft und Technik verbessert wurden.

In der Gruppe Chemie finden sich vor allem die verschiedenen Elemente in der Reihenfolge ihrer Entdeckung mit den Körpern, aus denen sie dargestellt wurden und mit Angabe der Namen ihrer Entdecker auf-gestellt. Daneben befinden sich die Apparate, die die Forscher zur chemi-schen Untersuchung der Körper verwandten, und zwar angefangen von den alten alchimistischen Instrumenten bis zu den geistreichen Apparaten von Lavoisier, Berzellius, Mitscherlich, Liebig, Bunsen usw. Soweit als möglich werden durch Präparate, Tabellen und Versuchsanordnungen auch die Ent-deckungen der Gelehrten den Besuchern des Museums verständlich gemacht werden, wobei diese einzelne der einfachsten Versuche in einem besonderen Versuchsraum selbst ausführen können.

Als ein besonders wichtiger Zweig der Chemie folgt die Elektrochemie, in der die Elemente und Akkumulatoren, die Apparate zur Elektrolyse, die ersten Versuche der Galvanoplastik dargestellt werden, in der aber auch die elektrochemische Großindustrie, wie die Erzeugung von Karbid, von Ozon und Alkali und auch die neuerdings so epochemachende und für die Landwirtschaft so wichtige Erzeugung des Stickstoffes aus Luft durch Modelle, Versuchsanordnungen und Tabellen Berücksichtigung findet.

Von der übrigen chemischen Großindustrie kann im provisorischen Museum nur ein kleiner Teil Aufnahme finden, und zwar die Herstellung von Schwefelsäure nach den älteren und neueren Verfahren, die Herstellung der Soda und die der Farbstoffe, wobei zur Erläuterung dieser Fabrikation Zeichnungen von ganzen Fabriken, sowie Modelle von einzelnen Teilen, Öfen usw. in Aussicht genommen sind.

Von anderen großen Industrien wurde für die Darstellung im provisorischen Museum die Brauindustrie, ferner die Zuckerindustrie und die Erzeugung von Spiritus und Essig herausgegriffen. Auch hier sollen Modelle und Zeichnungen über die Verbesserungen der einzelnen Apparate und über die Vervollkommnung und Vergrößerung der gesamten Anlagen Aufschluß geben.

Als besonders wichtig soll auch die Gastechnik von ihren ersten Anfängen bis zu ihrem gegenwärtig hohen Stand zur Darstellung kommen, und sind hierfür bereits sehr wertvolle Modelle von Ofenanlagen, Gasmotoren und sonstigen Einrichtungen aus verschiedenen Entwicklungsperioden zugesagt.

Anschließend an das Gas wird die allmähliche Entwicklung der Beleuchtungstechnik gezeigt werden, und zwar die verschiedenen Kerzen, die mannigfachen Öl- und Petroleumlampen, die neuen Intensivgasbrenner, die Anwendung des Azetylengases usw. Es soll ferner in dieser Gruppe die Entwicklung des Glühlichtes von der ersten Edisonlampe ab bis zur Nernst-, Osmium- und Tantallampe, sowie die allmähliche Vervollkommnung der Bogenlampe von der Hefnerdifferentiallampe bis zu den neuen Effekt- und Dauerlampen vorgeführt werden.

Als einer der jüngsten Zweige der Technik folgt die Entwicklung der Kältemaschinen und ihre Anwendung für Brauereien, für Lagerhäuser usw., die durch ein interessantes Modell erläutert werden wird. In dieser Abteilung befindet sich auch der epochemachende Originalapparat von Linde zur Verflüssigung der Luft, der seine neueste und bedeutungsvollste Anwendung in der Trennung von Gasgemischen und der Gewinnung von Sauerstoff gefunden hat.

In der Gruppe für Heizung und Lüftung ist die Entwicklung der Heizung von den einfachsten Feuerbecken und Kaminen an zu den Kachelöfen, Dauerbrandöfen zur Gasheizung und elektrischen Heizung dargestellt. Neben der Einzelheizung wird auch die Zentralheizung und zwar die Luftheizung, Dampfheizung und Warmwasserheizung sowohl für einzelne Etagen, wie als Fernheizwerk für ganze Gebäudegruppen ausgeführt werden. Die

Wirkung der Heizung und Lüftung wird an einem Demonstrationsmodell eines Zimmers mit elastischen Wänden auch dem Laien verständlich gemacht.

An die Heizung schließt sich die Gruppe Städtehygiene, in der einerseits die Versorgung der Städte mit Wasser, anderseits die Kanalisation durch Bilder und Modelle zur Darstellung kommen soll, wobei der große Wert eines gesunden Trinkwassers und einer guten Kanalisation durch die berühmten Versuche von Pettenkofer und Koch erläutert werden wird.

Neben diesen Hauptaufgaben der Städtehygiene soll auch die Entwicklung des Badewesens im Altertum, Mittelalter und in der Neuzeit, die Verbesserung des Schulhausbaues, die Vervollkommnung der Schlacht- und Viehhöfe usw. gezeigt werden.

An die städtische Hygiene schließt sich der Straßen-, Eisenbahn- und Tunnelbau. Durch Zeichnungen, Modelle und Bilder werden die wichtigsten Straßen, von der römischen Trajansstraße angefangen, bis zu den hervorragendsten Kunststraßen der Neuzeit gezeigt werden.

Von dem Eisenbahnbau wird nicht nur die allmähliche Verbesserung des Oberbaues von der gegossenen Platte bis zur gewalzten Schiene gezeigt werden, sondern es sollen auch Gesamtbahnanlagen von besonderer Bedeutung, wie die Semmeringbahn, die Bahn auf die Jungfrau usw. zur Darstellung kommen.

Auch der Tunnelbau soll von dem ersten bekannten, der 700 Jahre vor Christus zur Wasserversorgung Jerusalems gebaut wurde, bis zu den letzten großen Tunnels am Simplon vorgeführt und dabei die verschiedenen Bauweisen durch Modelle erläutert werden. Wenn möglich soll die Vervollkommnung im Straßen-, Eisenbahn- und Tunnelbau durch ein Profil des Gotthardpasses gezeigt werden, auf welchem einerseits der alte Saumweg, anderseits die verbesserte Kunststraße und schließlich die Gotthardbahn dargestellt ist.

Im Anschluß an den Straßen- und Eisenbahnbau kommt der Brückenbau und zwar dargestellt durch Modelle, Zeichnungen und Photographien, und eingeteilt in die allmähliche Entwicklung der Holzbrücke, der steinernen und der eisernen Brücke, darunter die berühmten Brückensysteme von Pauli und von Gerber. Es folgen sodann die Hängebrücken, die Schiffsbrücken, die Zug- und Klappbrücken, sowie die mächtigen Drehbrücken, wie sie am Nordostseekanal in Anwendung kamen. Zu den eisernen Brücken kommen die technisch hervorragenden Eisenhochbauten, wie die großen Bahnhof- und Ausstellungshallen, die mächtigen Werft- und Fabrikanlagen, sowie die eisernen Gerippe der vielstöckigen amerikanischen Häuser.

Die Gruppe Fluß- und Wehrbau wird zunächst Darstellungen über die wechselnden Wassermengen der Flüsse und über die Schäden der Hochwasser bringen, sodann in Modellen und Bildern zeigen, wie dank der Vervollkommnung der Ingenieurkunst, durch Korrektion der Flüsse, durch Durchstiche, Längsbauten, Talsperren usw. die Gefahren der Hochwasser verringert werden können.

Einen wichtigen Teil dieser Gruppe bilden die Wehrbauten, die teils als feste Holz- und Steinbauten, teils mit meisterhafter Konstruktion als bewegliche Wehre ausgeführt werden.

An den Flußbau schließt sich der Kanalbau, und soll hierbei gezeigt werden, wie schon die Römer mit dem Kanalbau begannen, und welche technische Fortschritte allmählich bis zum Bau der neuen Binnenkanäle, des Suezkanals und des Nordostseekanals, erreicht wurden.

Dabei sollen die Spezialeinrichtungen der Kanäle, wie die verschiedenen Arten von Kammerschleusen, durch Modelle zur Darstellung kommen. Schließlich wird auch der Hafenbau mit den Zeiten der Phönizier beginnend bis zu den großen Häfen in Hamburg, Bremen und New York veranschaulicht werden.

Den Abschluß der verschiedenen Gruppen des Bauwesens bildet die Abteilung für Baumaterialien. Hier soll die Bearbeitung der verschiedenen Baumaterialien und ihre Dauerhaftigkeit durch Musterstücke aus alter und neuer Zeit zur Anschauung gebracht werden.

An die natürlichen Baumaterialien sollen sich die künstlichen Baumaterialien anschließen, und zwar Ziegel und Platten, Kunststeine und Betonbauten in Proben aus den verschiedenen Zeitaltern und aus europäischen und orientalischen Ländern. Neben den Baumaterialien selbst sollen die Werkzeuge und Maschinen zu ihrer Bearbeitung, sowie die Ziegelöfen und Zementfabriken in ihrer allmählichen Entwicklung gezeigt werden.

Schließlich sollen als Beispiel, wie die verschiedenen Materialien für Holzbauten, Steinbauten, Ziegelbauten und Betonbauten verwendet werden, Modelle von charakteristischen Holz-, Stein-, Ziegel- und Betonbauten Aufnahme finden.

Zu den Bauten, welche in jüngster Zeit die verschiedensten Zweige der Technik in außerordentlichem Maße in Anspruch nehmen, gehören die Theaterbauten. Es sollen deshalb in der Gruppe Theaterwesen die einfachen Bauten des Altertums und Mittelalters den neuen Theatern mit ihren eisernen Bühnen und hydraulischen und elektrischen Maschinerien gegenübergestellt werden. Gleichzeitig soll angezeigt werden, welche Effekte durch Anwendung der verschiedenen wissenschaftlichen und technischen Hilfsmitteln allmählich erreicht wurden.

In der Gruppe Schiffsbau zeigen zahlreiche Modelle die Entwicklung der Ruder- und Segelschiffe, ferner der Dampfschiffe von ihrem ersten Auftreten in England oder am Rhein bis zu den großen deutschen Ozeandampfern, die heute die schnellsten Schiffe der Meere sind. Auch die Entwicklung der Kriegsschiffe von den alten Fregatten bis zu den neuen Kreuzern und Linienschiffen soll durch Modelle und Schnittzeichnungen dargestellt werden. Ob es möglich sein wird, das uns vom Reichsmarineamt gütigst angebotene historische Torpedoboot mit den zum Einblick nötigen Öffnungen und Schnitten im Garten des provisorischen Museums aufzustellen, vermag ich noch nicht zu sagen. Von den Spezialschiffen sollen die Kabeldampfer, Eisbrecher, Baggerschiffe und das Südpolarschiff Gauß modellweise dargestellt werden.

Von besonderem Interesse wird auch die Entwicklung der nautischen Instrumente und Apparate, die Vervollkommnung der Seezeichen von den einfachen Leuchtfeuern bis zu den vollkommensten Leuchttürmen und zu den bei Dunkelheit sich selbst entzündenden Leuchtbojen sein.

5*

Auch die Werft- und Dockanlagen von ihren einfachsten Anfängen bis zu ihren jetzigen technisch überaus interessanten Ausführungen müssen im Museum zur Darstellung gebracht werden.

In der Gruppe Militärwesen sollen nur besonders wichtige technische Details in der Entwicklung der Geschütze und Handfeuerwaffen, sowie der Munition dargestellt werden.

Die Befestigungen werden nur insoweit Berücksichtigung finden, als die allmähliche Verbesserung der Geschütze besondere Ingenieurkünste erforderte. Einen rein technischen Teil des Kriegswesens bilden die Panzerplatten, und soll von diesen eine vollständige, höchst wertvolle Entwicklungsreihe im beschossenen Zustande mit den hierzu gehörigen Geschoßen zur Aufstellung kommen. Auch von der Sprengtechnik werden die aufzunehmenden Objekte im engen Anschluß an ihre wissenschaftliche und technische Bedeutung ausgewählt werden.

Die Gruppe Luftschiffahrt, welche mit dem Militärwesen vereinigt wird, soll Modelle und Zeichnungen der Treibballons und Fesselballons, der lenkbaren Luftschiffe und der Flugmaschine enthalten. Von besonderem Interesse dürfte hierbei der Originalflugapparat sein, mit dem Lilienthal seine bekannten Versuche ausführte. Auch die Instrumente, die teils in bemannten, teils in unbemannten Ballons zu wissenschaftlichen Beobachtungen verwendet werden, sind für die Gruppe Luftschiffahrt in Aussicht genommen.

Die Gruppe Textilindustrie umfaßt die Werkzeuge und Maschinen zur Herstellung spinnfähiger Faserstoffe, ferner die Spinnvorrichtungen selbst, von der einfachen Handspindel bis zu den neuesten großen Spinnmaschinen, ferner die Entwicklung der Webstühle, darunter die Nachbildung des berühmten Webstuhles von Jaquard. — Die Nachbildungen der Originalmaschinen, auf die sich die heutige Spinn- und Webeindustrie aufbaut, sind dem Museum bereits zugesichert.

Im Anschluß an die Spinnerei und Weberei soll auch die Entwicklung der Nähmaschine durch Originale und vergrößerte Modelle zur Darstellung kommen.

Von der Gruppe Landwirtschaft sollen ähnlich wie bei der Gruppe Militärwesen nur diejenigen Gebiete berücksichtigt werden, die speziell durch die Wissenschaft oder die Technik eine besondere Vervollkommnung erhielten. Es sind dies vor allem die landwirtschaftlichen Geräte und Maschinen, die Einrichtungen für die Milchwirtschaft und die allmähliche Entwicklung der künstlichen Düngmittel. Aufgabe des Museums wird es sein, so allgemein verständlich wie möglich zu zeigen, in welch hohem Maße durch praktische Anwendung wissenschaftlicher Forschungen und durch die Ausnutzung technischer Fortschritte die Landwirtschaft bereits gehoben wurde und noch gehoben werden kann.

Museumsneubau.

Die von mir beschriebene Ausgestaltung des Museums werden Sie allerdings noch nicht in allen Gruppen vollendet finden, wenn Sie heute die bereits angelieferten Gegenstände im Alten Nationalmuseum besichtigen. Diejenigen Gruppen, bei welchen, wie bei den Dampfmaschinen, die Beschaffung der ausgewählten Objekte schon vor Monaten begonnen hat, geben jedoch den Beweis, daß bis zur Eröffnung des provisorischen Museums im Oktober nächsten Jahres nicht nur so viele Objekte angeliefert sein werden, daß ein Museumsbesucher das Ihnen geschilderte Bild vorfinden wird, sondern daß bereits ein großer Teil der wertvollen Stiftungen im Zweigmuseum untergebracht werden muß. Es ist deshalb nötig, so rasch als möglich an den von Anfang an geplanten Neubau heranzutreten, für welchen Herr Professor Dr. Gabriel v. Seidl bereits ein Vorprojekt ausgeführt hat. Nach dem Gutachten der Sachverständigen über die Ausgestaltung des künftigen Museums erschien es nötig, den ursprünglich mit 24 000 qm in Aussicht genommenen Platz wesentlich zu erweitern, damit er auch für spätere Zeiten ausreiche.

Die Stadt München hat nun in entgegenkommendster Weise eine Vergrößerung des ursprünglich überlassenen Grundstückes bis auf nahezu 36 000 qm in Aussicht gestellt. Der erweiterte Platz hat es ermöglicht, das Gebäude für die Bibliothek und Plansammlung gesondert von dem eigentlichen Museumsbau anzuordnen und dazwischen einen reizvollen Hofraum zu legen, wie dies aus den vorliegenden Plänen ersichtlich ist. Das eigentliche Museumsgebäude umfaßt ohne Nebenräume an Ausstellungshallen und Ausstellungsräumen zunächst ca. 13 000 qm, doch ist eine Erweiterung bis auf ca. 24 000 qm von Anfang an in Aussicht genommen. Im Anschluß an das Museumsgebäude ist eine Maschinenanlage mit Kesseln, Dampfmaschinen, Gasmotoren und Petroleummotoren projektiert, welche das Museum mit Wärme, Licht und Kraft, mit Druckluft und Betriebswasser versieht. In dem Bibliothekgebäude sind große Magazine für Bücher und Pläne, bequem angeordnete Säle zum Lesen und Zeichnen, sowie Vortragssäle mit Experimentaleinrichtungen usw. vorgesehen. Es könnten vielleicht Zweifel bestehen, ob ein derartiges Bibliothekgebäude im Anschluß an das Museum wirklich nötig ist. Ganz abgesehen von den schon früher erörterten allgemeinen Vorteilen einer naturwissenschaftlichen und technischen Spezialbibliothek dürfte es auch dem Fernstehenden erklärlich sein, daß nicht alle Erläuterungen zu den Museumsobjekten in Aufschriften oder im Katalog gegeben werden können, und daß deshalb der Museumsbesucher eine Stelle haben muß, wo er sich über das Gesehene aus alten und neuen Werken informieren kann. Auch die in ihrer Organisation neuartige Plansammlung hat sich als unbedingt nötig gezeigt, nicht nur, weil es unmöglich ist, im Museum selbst alle Meisterwerke der Ingenieur-Baukunst, des Maschinenwesens usw. in Modellen und Bildern unterzubringen, nicht nur, weil gerade die Plansammlung es ermöglicht, daß Ingenieure und Techniker manche Einrichtungen aus Originalplänen besser studieren können, als dies an Modellen und aus Büchern möglich wäre, sondern namentlich deshalb, weil unsere Rundfrage bei Privatpersonen, Fabriken, Bergwerken und staatlichen Ämtern gezeigt hat, daß eine enorme Fülle wertvoller Pläne, zurückgreifend bis ins 17. Jahrhundert, noch vorhanden ist, und weil gerade unsere Plansammlung die Stelle sein wird, welche diese reiche Fundgrube für wissenschaftliche und technische Studien den künftigen Zeiten erhält.

Aber auch die Vorlesungssäle sind nicht zu entbehren, wenn den Besuchern Gelegenheit gegeben werden soll, nicht nur das Museum zu sehen, sondern auch über dessen Schätze sachverständigen Aufschluß zu erhalten. Hierzu wird sich besonders Gelegenheit bieten, wenn, wie bei Ausstellungen, Schulen und Arbeitergruppen, wissenschaftliche und technische Vereinigungen nach München kommen, um aus der reichen Fundgrube des Museums neue Kenntnisse und Erfahrungen zu schöpfen. Ich zweifle nicht daran, daß zu diesem Zwecke die Bahnverwaltungen, die unserem Unternehmen beim Transport unserer Museumsobjekte schon so weit entgegengekommen sind, auch den wißbegierigen Besuchern Erleichterungen gewähren werden. Auch wissenschaftliche und technische Kongresse werden in dem mehr als 1500 Personen fassenden Ehrensaale einen würdigen Platz für ihre Verhandlungen finden, und ich glaube deshalb, daß das von Herrn Professor Dr. Gabriel v. Seidl bearbeitete Vorprojekt in bezug auf Zweckmäßigkeit wohl den weitgehendsten Anforderungen entsprechen wird.

Wieweit das Museumsprojekt auch den berechtigten künstlerischen Ansprüchen genügt, mögen Sie selbst nach dem im Saale aufgestellten Modell beurteilen.

Was die Kosten anbelangt, so haben genaue Berechnungen ergeben, daß dieselben inklusive aller technischen Einrichtungen und der künstlerischen Ausschmückung 7 Millionen betragen.

Ich zweifle nicht daran, daß diese Summe aufgebracht werden kann, wenn die Einzahlung der Beträge auf eine Reihe von Jahren verteilt wird, und wenn alle die Faktoren, die in erster Linie ein Interesse an der Errichtung des Museums haben, auch eine Beisteuer zu diesem Unternehmen leisten.

Ich denke mir, daß die Stadt München 1 Million, das Königreich Bayern 2 Millionen, das Deutsche Reich 2 Millionen und die industriellen Kreise die noch erforderliche Restsumme zur Verfügung stellen könnten, wobei von den Industriellen bei Überzeichnung des nötigen Restbetrages nur entsprechende Teilbeträge zu erheben wären.

Ich glaube, daß wir auf eine derartige Unterstützung seitens der Industrie wohl rechnen können, nachdem schon vor 2 Jahren, ohne daß irgend welche Bitten an weitere Kreise ergangen sind, ca. 400 000 M. von wenigen Personen für den Museumsbau gezeichnet wurden.

Ich glaube auch, daß die Stadt München, obwohl sie bereits einen Bauplatz im Werte von über 2 Millionen zur Verfügung stellte, sich noch mit einer Summe von etwa 1 Million an den Baukosten beteiligen wird, da sie das größte Interesse daran hat, nicht etwa zu ihren vielen Sehenswürdigkeiten noch eine neue zu bekommen, sondern durch das Museum in München einen neuen Mittelpunkt wissenschaftlicher und technischer Bestrebungen zu schaffen.

Auch von Bayern wird ein Beitrag von 2 Millionen wohl zu erwarten sein.

Nach den mir von maßgebendster Seite gewordenen Mitteilungen ist die Bayerische Staatsregierung bereit, der Bitte des Museums entsprechend, einen Zuschuß von 2 Millionen bei den gesetzgebenden Körperschaften zu beantragen.

Ein derartiger Antrag dürfte aber auch bei den hohen Kammern auf keinen großen Widerstand stoßen, und zwar nicht nur, weil der im vorigen Jahre erbetene Jahresbeitrag von 50 000 M. einstimmig und mit begeisterten

Zustimmungserklärungen erfolgte, sondern weil in einem Lande, dessen König schon vor 70 Jahren dem ganzen deutschen Volke eine Walhalla baute, gewiß freudige Zustimmung herrscht, wenn es gilt, einer deutschen Nationalanstalt eine Heimstätte zu bereiten.

Auch der deutschen Reichsleitung dürfte es willkommen sein, in der Hauptstadt eines Bundesstaates eine deutsche Nationalanstalt zur Förderung der Wissenschaft und Technik zu errichten, damit es allen Deutschen, in Nord und Süd, in Ost und West immer mehr zum Bewußtsein kommt, daß sich die deutschen Lande nicht nur zu Schutz und Trutz sondern auch zur Hebung der Kultur in allen Teilen des Deutschen Reiches vereinigt haben, und daß deshalb die von seiten des Reiches geforderten finanziellen Mittel nicht nur zum Bau von Schiffen und zur Beschaffung von Kriegsmaterial, sondern auch zur Förderung wichtiger Kulturaufgaben verwendet werden. Nachdem die hervorragendsten Gelehrten und Techniker des ganzen Deutschen Reiches uns ihren Namen, ihre Zeit und ihre Arbeit zur Verfügung stellten, historische Schätze aus allen wissenschaftlichen Instituten der verschiedenen Bundesstaaten uns überwiesen wurden, und nachdem nicht nur aus Bayern sondern aus Preußen, Sachsen, Württemberg, Baden, Hamburg usw. Meisterwerke im Werte von Millionen uns gestiftet wurden, wird das Deutsche Reich sicherlich gewillt und in der Lage sein, einen Beitrag zu einer würdigen Stätte für alle diese Meisterwerke beizusteuern.

Ich möchte deshalb der festen Überzeugung Ausdruck geben, daß wir im nächsten Jahre, wenn wir zur Eröffnung des provisorischen Museums uns versammeln, auch den Grundstein legen können zu dem neuen Museum, das für alle Zeiten eine Ruhmeshalle der Wissenschaft und Technik werden wird.

Kundgebung des Kgl. Kommerzienrates, Brauereibesitzers August Pschorr:

Sie haben den beredten Worten des Herrn Baurat Dr. v. Miller soeben entnommen, welch große Bedeutung die Erbauung des Deutschen Museums hat, und mit welcher Vielseitigkeit dasselbe ausgestaltet wird. Es ist daher leicht begreiflich, daß unsere Stadt München es sich zur hohen Ehre rechnen darf, daß auf sie unter den deutschen Städten die Wahl der Errichtung gefallen ist.

Nicht minder hat auch in den Kreisen der Industrie die Erbauung eines Museums von Meisterwerken der Naturwissenschaft und Technik großes Interesse und lebhafte Freude hervorgerufen. Speziell in der Münchener Brauindustrie, welche sich schmeicheln darf, einer der Hauptindustriezweige Bayerns und nicht minder Münchens zu sein, wurde die Nachricht von der Erbauung eines großen Museums auf das lebhafteste begrüßt, und der Appell, der von der Vorstandschaft ausgegangen ist, damit die deutsche Industrie das Unternehmen auch finanziell unterstütze, ist auf Seite der Münchener Brauereien nicht wirkungslos verhallt.

So bin ich in der angenehmen Lage, hier bekunden zu können, daß die Mitglieder des Vereins Münchener Brauereien sich bereit erklärt haben, namhafte Beiträge zum Garantiefonds zu zeichnen, welche Summe den Gesamtbetrag von 116 000 M. aufweist.

Möge das gute Beispiel, welches die Münchener Brauereien hiermit geben, dazu beitragen, daß die Industrie von ganz Deutschland sich veranlaßt sehe, auch ihrerseits recht zahlreiche und namhafte Beiträge zu spenden, damit die geforderte Summe von 2 000 000 M. nicht nur voll erreicht, sondern womöglich mehrfach überzeichnet werde, sodaß der gute Ruf, den Deutschlands Industrie im In- und Auslande genießt, neuerdings gerechtfertigt wird.

Der I. Vorstand des Gemeindekollegiums der Stadt München, Kgl. Kommerzienrat Seyboth, teilt mit:

Nachdem Herr Bürgermeister Dr. v. Borscht zurzeit im Süden weilt, während Herr Bürgermeister Dr. v. Brunner es selbst sehr bedauern wird, daß er, durch unaufschiebbare Geschäfte abgehalten ist, an Ihren Beratungen teilzunehmen, wurde ich aufgefordert, Ihnen von einem Beschlusse der städtischen Kollegien Kenntnis zu geben, zu dessen Mitteilung ich allerdings kein offizielles Mandat besitze. Allerdings glaube ich keinen Vertrauensbruch zu begehen, wenn ich Ihnen einen Magistratsbeschluß, der in geheimer Sitzung gefaßt wurde, bekannt gebe, nachdem derselbe längst in öffentlichen Blättern zur Mitteilung gelangte. Der Magistrat hatte nach diesen Mitteilungen einstimmig beschlossen, zu dem Bau des Deutschen Museums 1 000 000 M. beizusteuern, unter der Voraussetzung, daß von seiten des Deutschen Reiches, des Staates Bayern und der deutschen Industrie je 2 000 000 M., d. i. zusammen 6 000 000 M. für den gleichen Zweck bewilligt werden. Das Kollegium der Gemeindebevollmächtigten war am vergangenen Donnerstag verhindert, sich mit dieser Bewilligung zu beschäftigen, wird aber die Angelegenheit voraussichtlich am Donnerstag den 5. Oktober in geheimer Sitzung erledigen. Ich selbst bin I. Vorstand dieses Kollegiums, allein ich kann trotzdem in dieser Angelegenheit nur meine rein persönliche Ansicht aussprechen, und dieselbe geht dahin, daß ich glaube, es wird sich unser Kollegium auf dem gleichen Pfade bewegen als wie das Magistratskollegium.[1]

Ich hoffe und wünsche, daß das Deutsche Museum nicht nur für die Gegenwart oder für die nächste Zukunft, sondern vielmehr auf lange, lange Zeit hinaus von segensreichem Einfluß sein wird, ebensowohl für die deutsche Industrie, für das große deutsche Vaterland, sowie auch insbesondere für Bayern und unsere gute Stadt München.

Hierauf ergreift das Wort Herr Geh. Oberregierungsrat Dombois, vortragender Rat im Reichsschatzamt, als Kommissär des Reichskanzlers:

Verfassungsmäßig ruht die Pflege von Kunst und Wissenschaft nicht in der Hand des Reichs, sondern ist den Einzelstaaten verblieben. Wenn das Reich zur Förderung von Wissenschaften Ausgaben übernimmt, so tragen solche Leistungen den Charakter der Freiwilligkeit an sich. Auch gehören sie mit Notwendigkeit zu den Ausnahmen, weil es sonst gar nicht möglich

---

[1]) Der Zuschuß von 1 000 000 M. ist inzwischen ebenso wie vom Magistrat auch vom Gemeindekollegium der Stadt München einstimmig bewilligt worden.

wäre, eine sachgemäße Grenzlinie zwischen Reich und Einzelstaaten ein-
zuhalten. Nun ist aber gerade gegenwärtig die Finanzlage des Reiches höchst
ungünstig und ihre zukünftige Gestaltung durchaus unklar. Ich war daher
genötigt, in der gestrigen Sitzung des Vorstandsrates auf die schweren
Bedenken hinzuweisen, die sich gegenüber der erbetenen Reichsbeihilfe von
2 000 000 M. erheben lassen, und ich befand mich trotz allen Wohlwollens
für die Förderung der Angelegenheit nicht in der Lage, eine solche Reichsbeihilfe zu versprechen oder auch nur eine Exspektanz zu eröffnen.

Es gereicht mir deshalb zur Freude, heute mitteilen zu können, daß
mein Chef, der Herr Staatssekretär des Reichsschatzamtes, Frhr. v. Stengel,
auf Grund des von mir erstatteten Berichtes jene Bedenken zurücktreten
lassen will, weil es sich um ein gemeinnütziges Unternehmen mit deutsch-
nationalem Charakter handelt. Jedoch ist es der Reichsfinanzverwaltung nicht
möglich, sich im voraus auf bestimmte Beträge festzulegen, da die gegenwärtige Finanzlage mißlich und in ihrer zukünftigen Entwicklung nicht zu
übersehen ist, mithin bei der Einlösung eines derartigen Versprechens die
größten Verlegenheiten erwachsen könnten. Es können vielmehr für die
Zukunft nur angemessene Reichszuschüsse innerhalb der Grenzen verfüg-
barer Reichsmittel in Aussicht gestellt werden.

Um die Finanzierung des Unternehmens zu fördern, wird beabsichtigt,
in dem Etatsentwurfe für 1906 einen Betrag von etwa 15 000 M. für Vorarbeiten anzufordern. Diese Forderung soll durch eine ausführliche Denkschrift unter Beifügung der Baupläne und Kostenanschläge näher erläutert
werden, damit die gesetzgebenden Körperschaften des Reichs in Stand gesetzt
werden, sich in jeder Beziehung zu unterrichten und die Nützlichkeit des
Unternehmens zu prüfen. Wann gegebenenfalls und in welcher Höhe ein
Zuschuß zu den eigentlichen Baukosten in den Reichshaushaltsetat ein-
zustellen sein wird, vermag ich bei der Unsicherheit der Finanzlage zurzeit
nicht anzugeben. Wenn die Sache einen günstigen Verlauf nimmt, so
könnte dies im Etatsentwurfe für 1907 erfolgen, der im Herbst 1906 aufgestellt werden wird. Hierbei möchte ich besonders betonen, daß die gesetzgebenden Körperschaften jedenfalls nur dann geneigt sein werden, ihre
Zustimmung zu geben, wenn die Industrie, in deren wesentlichem Interesse
das Museum errichtet werden soll, recht bald und reiche Mittel zur Verfügung stellen wird. Denn es ist ein Grundsatz, der wohl durch die ganze
Verwaltung geht, daß der Interessent auch der Träger der Kostenlast ist.
Der Beweis der Nützlichkeit des Unternehmens wird nicht überzeugender als
durch eine reiche Beitragsleistung seitens der Industrie geführt werden können.
Nur unter dieser Voraussetzung wird es meines Erachtens möglich sein, das
gemeinsame Ziel zur Zufriedenheit aller zu erreichen. Dies ist mein sehn-
lichster Wunsch.

Neuwahlen.

Kgl. Baurat Dr. A. Rieppel bemerkt:

Nach den Satzungen haben auszuscheiden:

1. aus dem Vorstand Magnifizenz Dr. v. Dyck, dessen Wiederwahl
durch den Vorstandsrat in seiner gestrigen Sitzung erfolgte;

2. der derzeitige erste Vorsitzende des Vorstandsrates Baurat Dr.
A. R i e p p e l, an dessen Stelle Herr Generaldirektor Dr. v. O e c h e l -
h ä u s e r - Dessau und der Schriftführer Herr Prof. Dr. S c h r ö t e r,
an dessen Stelle Herr Professor Dr. W. M u t h m a n n - München
gewählt wurde;

3. aus dem Vorstandsrat nach vorgenommener Auslosung:
Herr Geh. Raurat Dr.-Ing. E. R a t h e n a u - Berlin,
   » Geh. Regierungsrat Dr. H. Th. B ö t t i n g e r - Elberfeld,
   » Kommerzienrat E. B o r s i g - Berlin,
   » Dr.-Ing. F. W. L ü r m a n n - Berlin,
   » Professor Dr. M. S c h r ö t e r - München,
   » Ingenieur R. D i e s e l - München,
   » Bankdirektor W. Freiherr v. P e c h m a n n - München.

Vorstand und Vorstandsrat schlagen Ihnen vor, folgende Herren neu
in den Vorstandsrat zu wählen:
Herrn A. A c k e r m a n n in Firma B. G. T e u b n e r, Leipzig.
   » Kommerzienrat Dr.-Ing. B r u n c k, Ludwigshafen,
   » Rudolf D i e s e l, München (Wiederwahl), da dessen Mandat
     als Schriftführer bis 1906 läuft,
   » Professor Dr. van't H o f f, Charlottenburg,
   » Präsident v. M o s t h a f, Stuttgart,
   » Geh. Hofrat Bürgermeister Dr. v. S c h u h, Nürnberg,
   » Fabrikant Dr. Heinrich S u l z e r - S t e i n e r, Winterthur,
   » Professor Dr. E. W i e d e m a n n, Erlangen,
   » Exzellenz Generalleutnant W i n d i s c h, München,
   » Geh. Kommerzienrat Dr. Z i e s e, Elbing.

Die Wahl erfolgt.

Außerdem habe ich Ihnen das Ergebnis der gestern erfolgten Wahlen
zum Ausschuß mitzuteilen.

Die Namen werden verlesen; sie werden nach erfolgter
Annahmeerklärung mit dem neuen Mitgliederverzeichnis am
1. Januar veröffentlicht werden.

Seine Kgl. Hoheit Prinz L u d w i g von Bayern schließt die
Sitzung mit folgender Ansprache:

Meine Herren!

Ich glaube, wir sind seit dem vorigen Jahre um einen guten Schritt
weitergekommen. Selten wenigstens ist in so kurzer Zeit eine solche Summe
von Arbeit geleistet worden. Das Sprichwort sagt: »Aller Anfang ist schwer«,
andere wieder sagen: »Aller Anfang ist leicht«, und in dieser Lage befinden
wir uns, denn nicht häufig wurden einem Unternehmen von allem Anfang
an so viele Sympathien und so viele Unterstützungen zuteil wie dem unsrigen.
Hoffen wir, daß die Fortsetzung ebenso leicht werde.

Wir ziehen vorderhand in provisorische Räume ein, aber ein Neubau
ist erforderlich, um die aus dem ganzen Reiche überwiesenen Schätze auf-

nehmen zu können. Hierzu ist in erster Linie das opferwillige Zusammenarbeiten aller interessierten Kreise notwendig, worüber wir ja heute schon
sehr erfreuliche Mitteilungen erhalten haben. Mögen diese Kreise wie bisher
so auch weiterhin zu dem Werke beitragen, dann wird es eine schöne
Schöpfung werden, und wenn fortgeschritten, auch stets eine neue Schöpfung,
indem es gleichzeitig die Entwicklung der Technik von den frühesten Zeiten
an veranschaulichen und bis auf die neueste Zeit ohne Unterbrechung fort-
führen wird.

Das Museum wird ein wesentliches Bildungsmittel für die Nation und
von größtem Nutzen besonders für die aufblühende Industrie des Reiches sein.

Hoffen wir, daß unsere Erwartungen sich erfüllen, und daß wir ein
Werk entstehen sehen, um das uns die ganze Welt beneiden wird.

Mit diesem Wunsche schließe ich die Sitzung.

Am 15. März 1906 wurde von der Museumsleitung das Preisausschreiben zur Errichtung eines Gebäudes für das »Deutsche
Museum« in München herausgegeben. Dasselbe bestimmt, daß
die mit Kennwort versehenen Entwürfe nebst Erläuterungsbericht
und Kostenüberschlag bis spätestens 20. September 1906 in Ein-
lauf zu bringen sind. Das Preisrichterkollegium setzt sich aus
zwei Vertretern des Reichskanzlers, einem der Kgl. Preuß. Staatsregierung, zwei der Kgl. Bayer. Staatsregierung, je einem von
der Kgl. Sächs. Staatsregierung, von der Kgl. Württembergischen,
Großherzogl. Badischen, Großherzogl. Hessischen, Herzogl. Braun-
schweig-Lüneburgischen, Hamburgischen und Reichsländischen
Staatsregierung, zwei von der Stadt München, ferner aus den
Mitgliedern der Baukommission, dem Vorsitzenden des Vorstandsrates und dem Vorstand des Deutschen Museums zusammen.

Zur Verteilung an die durch das Preisrichterkollegium im
üblichen Prüfungsverfahren bezeichneten Entwürfe sind folgende
Preise bestimmt:

I. Preis	. .	15 000 M.
II. »	. .	10 000 »
III. »	. .	5 000 »
	zusammen	30 000 M.

Außerdem behält sich das Museum vor, einzelne nicht preisgekrönte Entwürfe zum Preise von je 2 000 M. anzukaufen.

Die Gesamtdisposition des Neubaues stellt sich folgendermaßen zusammen:

A. Ausstellungsräume für wissenschaftliche Apparate, Modelle und Maschinen;

B. Bibliothek und Plansammlung mit Magazinen, Lese- und Zeichensälen;

C. Saalbauten zum Zwecke der Aufstellung von Bildern, und Büsten hervorragender Gelehrter und Techniker (Ehrensaal), sowie zur Abhaltung von Vorträgen und Kongressen;

D. Zentralstation für Licht, Kraft und Heizung;

E. Restauration für die Besucher und für den Wirtschaftsbetrieb an Vortrags- und Kongreßtagen;

F. Verwaltungs- und Betriebsräume für die Bibliothek und Plansammlung;

G. Wohnungen für Beamte und Bedienstete.

Die Museumsleitung erwähnt am Schlusse ihres Preisausschreibens: »Da bei den eigenartigen Verhältnissen dieses Bauwerkes vor Ausschreibung eines öffentlichen Wettbewerbes eine Klärung der wichtigsten Vorfragen nötig war, hatte Herr Prof. Dr.-Ing. Gabriel v. Seidl auf Wunsch des Bauausschusses die Güte, ein Vorprojekt auszuarbeiten, welches lediglich zur Unterstützung der folgenden Erläuterungen diesem Preisausschreiben in vier Plänen beigefügt ist, das jedoch in keiner Weise weder für die Gruppierung der Räume, noch für die architektonische Ausgestaltung maßgeblich sein soll.«

Die Ausstellungsräume zerfallen in drei Hauptgruppen, wovon die erste die mathematische, die physikalische, die chemische und die technologische Abteilung, die zweite die bergbauliche, die maschinentechnische, die verkehrstechnische und bautechnische Abteilung und die dritte die Landwirtschaft, Luftschiffahrt und das Militärwesen umfassen wird. Nach dem vorliegenden Projekte werden die Ausstellungsräume etc. einen Flächenraum von ca. 25000 qm einnehmen; außerdem ist noch eine Erweiterung der Ausstellungsräume um ca. 9000 qm Saalfläche mit ca. 2500 bis 3000 qm Hallenfläche geplant.

Das Deutsche Museum

von

Meisterwerken der Naturwissenschaft und Technik

mit seinen Beständen im Jahre 1906.

Nachdem wir somit die Entwicklung dieses bedeutungsvollen Institutes in großen Zügen geschildert haben, werden wir den Leser durch die einzelnen Räume des provisorischen Museums führen, wobei wir manchem interessanten Gegenstande aus alter und neuer Zeit begegnen werden.

Nehmen wir die oben angeführte Einteilung zur Richtschnur, so werden wir zunächst die mathematische Ausstellung besichtigen.

Mathematik und Meßwesen. Historisches Interesse verdient vor allem die große Reichenbachsche Kreisteilmaschine, beinahe 100 Jahre in der von R e i c h e n b a c h gegründeten Werkstätte im Gebrauch gestanden, ferner die von Joh. Georg R e p s o l d im Jahre 1826 angefertigte Längenteilmaschine. sowie die älteste Ausführung von S t e i n h e i l s Längenkomparator für Endmaße.

Wir begegnen alsdann diversen Rechenkästchen, Rechenlinealen und Rechenscheiben, großen und kleinen Rechenscheiben von Boucher, Rechenmaschinen von J. S c h u s t e r, gefertigt 1805 bis 1820, drei aufeinander folgenden Ausführungsformen der Rechenmaschine von S e l l i n g und eine Rechenmaschine »Brunsviga«.

Sehr interessant ist der Reduktionsapparat von B r a u n sowie eine Reihe älterer Ausführungsformen von Proportionalzirkeln, Pantographen, Kegelschnittszirkeln und sonstigen mathematischen Instrumenten, ferner das Linearplanimeter nach H a n s e n von Ausfeld in Gotha.

Auch die Sammlung mathematischer Modelle von H. Wiener, ferner alter Längenmaße, Hohlmaße und Gewichte; ferners Nonien, Mikrometer, Etalons und sonstige Einrichtungen zur Herstellung von Präzisionsmaßen, Originalwagen von Liebherr, Reichenbach, Steinheil sowie sonstige typische Formen von Normal- und Präzisionswagen aus dem Anfang des vorigen Jahrhunderts. Zwei Ausführungsformen chinesischer Schnellwagen verdienen lebhaftestes Interesse.

Auch die Uhren in dieser Abteilung werden dem Besucher viele Überraschungen bieten, und zwar zunächst eine Sammlung von älteren Taschenuhren und Chronometern, darunter Ausführungen von Weidenheimer-Mainz, Mahler München, Martens-Freiburg, Breguet-Paris usw., die ausgewählte Sammlung von ca. 60 wertvollen Uhren, darunter alte Sanduhren, Öluhren, eine Reihe von Taschenuhren, die Entwicklung derselben seit dem 16. Jahrhundert darstellend, ferner gangbare Modelle typischer Uhrwerke in vergrößertem Maßstabe, Modelle von Uhrwerken, betreffend Vervollkommnungen der Hemmung, Regulierung, der Schlagwerke usw., eine Standuhr mit einem durch Gewichte betriebenen Ankerwerk, Augsburger Fabrikat, sowie eine Taschenrepetieruhr in Original und Modell und das Chronoskop von Hipp.

Ferner mögen noch Erwähnung finden: das elektr. Uhrensystem ›Magneta‹ ohne Batterie und ohne Kontakte (Hauptuhr und Nebenuhr), die Blindenuhr, Perpetuale, Armeeschrittmesser, die modernste Ausführung einer Turmuhr, die Taschenuhr mit freier Hemmung, System Riefler, sowie einfaches Rostpendel und Quecksilberkompensationspendel.

Eine Sammlung von Aräometern und hydrostatischen Wagen nach Baumé, Nicholson, Stoppani, Steinheil usw., Originalthermoskop von Rumford, Thermometer von 1780 und andere, diverse Pyrometer, eine Reihe älterer Ausführungsformen von Hygrometern, Psychrometern etc., ca. 1800 — 1850, sowie Psychrometer und Verdunstungsmesser von Lamont, nebst einem Hygrometer älterer Konstruktion, Barometer von Schiegg, Liebherr, Vaccano usw. in verschiedenen Ausführungsformen. Nachbildung erster Ausführungen sowie charakteristische Formen von neueren Manometern und Indikatoren mit Aufdeckung der inneren Teile, Sammlung zur Entwicklung der Wassermesser in geschnittenen Originalen vom Jahre 1858 bilden eine Sammlung für sich.

Photogr. Dr. Stange.

Gruppe: Mathematik und Meßwesen.

Links die große Reichenbachsche Kreisteilmaschine.

Zum Schluß dieser Abteilung ist das Transmissionsdynamometer nach Hartig 1870, das Riemendynamometer von Hefner-Alteneck 1880, das Dynamometer von Manhardt, ferner die ersten elektrischen Strom- und Spannungsmesser sowie eine Auswahl typischer Beispiele zur weiteren Entwicklung der elektrischen Meßapparate, Voltmeter und Ampèremeter nach System Kohlrausch sowie der erste, von Aron hergestellte Elektrizitätszähler, ferner typische Formen der modernen Aronzähler und der Motor-Induktionszähler System Dr. Bruger noch hervorzuheben.

Stifter dieser Abteilung sind insbesondere: Kgl. Bayer. Akademie der Wissenschaften; Geh. Regierungsrat Aron, Berlin; Fa. J. Amsler-Laffon & Sohn, Schaffhausen; Kommerzienrat Bernheimer, München; Dürrstein & Co., Dresden; Prof. Dr. Föppl, München; Geod. Institut der Kgl. Techn. Hochschule München; Grimme, Natalis & Co., Braunschweig; Ing. W. Groß, Heidelberg; C. Hahlweg, Stettin; Hartmann & Braun, A.-G. Frankfurt a. M.; Kgl. Industrieschule München; Geh. Kommerzienrat Arthur Junghaus, Schramberg; Lyzeum Regensburg; »Magneta«, Zürich; Ziv.-Ing. H. Müller, München; J. Neher Söhne, München; Kaiserliches Patentamt; Peyer, Favarger & Co., Neuchâtel; Phys. Institut der Universität München; A. Repsold & Söhne, Hamburg; Dr. S. Riefler, München; Schäffer & Buddenberg, Magdeburg-Buckau; Prof. Dr. Selling, Würzburg; Siemens & Halske, A.-G., Berlin; Siemens-Schuckertwerke, Berlin; Verlag von B. G. Teubner und Prof. Dr. H. Wiener.

In der Abteilung **Geodäsie und Astronomie** finden wir einen vollständigen Apparat, den Schwerd zur Messung der »kleinen Speyrer Basis« benutzte, ein Diopterlineal von Johannes Gg. Eberspergerus 1755, ferner eine Sammlung von Kippregeln, Diopterbussolen, Spiegel- und Prismenkreisen, Theodolithen usw. in hervorragend schönen Ausführungen aus den Werkstätten von Utzschneider und Fraunhofer, C. A. Steinheil, Traugott Ertel—München, Brander & Höschel—Augsburg, Lenoir, Chapotot—Paris, Haas & Hurten—London, usw.

Historisch wertvoll sind die geodätischen Instrumente nach Bauernfeind, Lamont usw., zum Teil mit Originalurkunden und Manuskripten, ferner eine Reihe typischer Normalinstrumente, Libellen, Diopter, Woltmannsche Flügel aus dem Anfang des

19. Jahrhunderts aus den Beständen der Kgl. Bayer. Straßen-
und Flußbauämter sowie alte Diopterbussole und sonstige Beiträge zur Entwicklung der mechanisch-optischen Instrumente.

Die Astronomie ist besonders mit zahlreichen historischen Instrumenten ausgerüstet, so den kunstvollen Astrolabien und Stern-
suchern von G. H. Brander und anderen sowie einer Sammlung von Sonnenuhren, Armillarsphären etc. der verschiedenen
Systeme aus deutschen, französischen, italienischen Werkstätten
1662 bis ca. 1820, Instrumentarium der alten Würzburger Sternwarte, bestehend aus einem nördlichen und einem südlichen
Mauerquadranten, einem Newtonschen Spiegelteleskop, einem
Quadranten, sowie sonstigen wertvollen astronomischen Instrumenten aus der Mitte des 18. Jahrhunderts, großer Quadrant
von Brander sowie Spiegelfernrohre, Photometerteleskope, trag-
bare Passageinstrumente aus den Werkstätten von Steinheil,
Ertel u. a.

Besonders interessant ist eines der ersten Heliometer von
Fraunhofer und das Sternphotometer von Schwerd.

Der Mauerquadrant von Campe, nach Angaben von Tobias
Mayer, großer Metallspiegel, 1793 von Schrader in Kiel
verfertigt, Teile der früher gebräuchlichen ausziehbaren langen
Fernrohre usw., Taschenapparate von Balth. Neumann
(Bussole, Sonnenuhr, Quadrant und Libelle), das Modell eines
Doppelrefraktors von Ing. Mayer, $^1/_5$ natürlicher Größe, sowie
sonstige Modelle, Originale und Photographien moderner astronomischer und geodätischer Instrumente, verschiedene Formen
von Heliostaten und Astrostaten.

Astronomische Uhren von Bonifatius Doll, Utzschneider
und Liebherr, von Mahler mit eigenartiger Kompensation,
eine solche mit Neben-Uhr mit den für eine Zentral-Uhren-
anlage nötigen Nebeneinrichtungen von Dr. S. Riefler, sowie
eine Sammlung von Theodoliten, Sextanten usw., Modelle spekto-
skopischer Doppelsternsysteme und schließlich große Diapositive
und Papierkopien von Sternaufnahmen vervollständigen die
großartige Sammlung.

Stifter dieser Gruppe sind: Kgl. Bayer. Akademie der
Wissenschaften. — Lyzeum Regensburg; Astronomisches Kabinett
der Universität Würzburg; Kgl. Bayer. Oberste Baubehörde;
Aug. Diez, Inhaber der Firma Ertel & Sohn, München; Huma-

nistisches Gymnasium Speyer; Geodätisches Institut der Kgl. Techn. Hochschule und Prof. Dr. M. Schmidt, München; Deutsche Gesellschaft für Mechanik und Optik; Kgl. Bayer. Katasterbureau; Dr. H. Krüß; Realschule Memmingen; Ing. Dr. S. Riefler, München; Astrophysik. Observatorium zu Potsdam; Univ.-Sternwarte Würzburg; Univ.-Sternwarte Göttingen; Kgl. Sternwarte München; Prof. Dr. M. Wolf, Heidelberg; Karl Zeiß, Optische Werkstätte Jena.

Die Gruppe: **Theoretische und angewandte Physik** enthält Demonstrationsapparate aller Art, zunächst diverse Versuchseinrichtungen zur Erläuterung der mechanischen Grundgesetze, darunter kunstvoll gearbeitete Apparate von W i e s e n p a i n t n e r, Y e l i n u. a. Keilmaschine nach 's G r a v e s a n d e Zentrifugalmaschine mit Hilfsapparaten usw., sowie einen Seilapparat von G. S. Ohm.

Ferner finden wir verschiedene Systeme von Luftpumpen so von Bianchi 1766, von Mahler 1792, von Ohm, solche zu seinen Versuchen benutzt, ferner Pumpen nach S a n g u a r d, Originalausführung von J a n v o n M u s s c h e n b r o e k aus dem Jahre 1708 und nach H a w k s b e e.

An diesen schließen sich die Original-Quecksilberluftpumpen, von T o e p l e r, von G. G e i ß l e r, von R a p s und die Kompressionspumpe von N a t t e r e r an. Weitere zum Teil kunstvoll gearbeitete Luftpumpen von B r a n d e r, T h i l l a y, Rouen 1767, N o l l e t u. a., die Hochvakuumpumpe mit Elektromotor und G u e r i c k sche Luftpumpe mögen hier noch besonders hervorgehoben werden.

Das historische Wandgemälde, welches die Magdeburger Halbkugeln auf dem Reichstag zu Regensburg darstellt, schmückt das Stiegenhaus.

Durch die Nachbildung der Otto v. G u e r i c k e schen Luftpumpe nebst den Magdeburger Halbkugeln bekommt das soeben erwähnte Gemälde einen besonders praktischen Wert.

Interessant sind ferner die Originalapparate von J o l l y zur Bestimmung der Erddichte, das Foucaultsche Pendel, die Originalapparate für Schallinterferenz von G. Q u i n c k e, Originalgrammophone von E. B e r l i n e r, Originaltelegraphon von P o u l s o n.

Auch folgende Apparate: die Originalkonstruktion eines kalorischen Kraftmessers nach den Studien Robert Mayers 1869, große Wärmehohlspiegel sowie sonstige Apparate zur Wärmelehre, darunter Mellonischer Apparat von Füchtbauer-Ausdehnungsapparate von Steinheil usw., Originalapparat von G. Wiedemann zur Untersuchung der Wärmeleitung, besonders eine große Anzahl optischer Originalinstrumente von Fraunhofer. Ferner Spektralapparate und Spektrometer, Beugungsapparate, Mikroskope und Fernrohre, Photometer, Brechungsmesser usw. aus deutschen, österreichischen, italienischen, französischen, englischen Werkstätten, darunter ein altes Mailänder Doppelfernrohr sowie achromatische Fernrohre von Dollond, Apparate von Adams, Jones, Brander, Short, Oberhäuser, Plößl, Voigtländer, Field & Son, Merz usw. bieten eine Fülle der Belehrung und Bewunderung unserer Forscher aus vergangenen Tagen.

Anschließend an die historischen Mikroskope finden wir ein aus der weltberühmten Anstalt Karl Zeiß, Jena, hervorgegangenes und gestiftetes, modernes, vollständig ausgerüstetes Mikroskop, ferner ein Sonnenmikroskop von Adams, ein Original-Prismenfernrohr von Porro, woran sich wieder moderne Prismen- und Relieffernrohre, Stereoskope anschließen.

Hervorzuheben sind noch Refraktometer, Prismen und weitere optische Apparate nach Abbe, Pulfrich u. a., Originalbeugungsgitter von Schwerd, sowie sonstige Originalapparate desselben, ein von G. S. Ohm gefertigter Interferenzspiegel und Linsenschleifvorrichtung, verschiedene Vorrichtungen von den Untersuchungen E. v. Lommels, ein Original-Polarisationsapparat von Nörrenberg und eine Brennlinse von Tschirnhausen, ca. 1 Meter Durchmesser.

Aber auch die Originalsirene von Seebeck, einige Originalröhren von Kundt, Originale der erdmagnetischen Apparate von Lamont, Apparate zu den Gauß'schen Versuchen von Meyerstein in Göttingen, sowie eine Reihe von Magnetometern, Deklinatorien und Inklinatorien, eine als Schwefelkugel benutzte Elektrisiermaschine, die große Elektrisiermaschine von Ohm zu seinen Versuchen benutzt, nebst zugehöriger Flaschenbatterie, Luftkondensator etc., sehr alte Glaszylinder-Elektrisiermaschine, alte Scheiben-Elektrisiermaschine, sowie weitere elektrische Apparate wie Elektrophore, Elektroskope, Elektrometer etc. aus dem Anfang des vorigen Jahrhunderts, Originalapparate zur Elektrizitätslehre, Optik und Wärmelehre von Georg Simon Ohm nebst Urkunden und Manuskripten, vollständige Original-apparate zu Ampère'schen Versuchen über die gegenseitige Wirkung elektrischer Ströme, Kraftlinienbilder und Polreagenz-papiere von Faraday's Hand, Reste der Batterie von J. W. Ritter sowie Zambonische Säulen, Thermobatterien usw., einscheibige Influenzmaschine mit Selbsterregung 1870 von Toepler, dürften bei dem Besucher großes Interesse hervorrufen.

Auch sehen wir Originalapparate Feddersens zur Unter-suchung der elektrischen Entladungen, Originalapparate zu den Untersuchungen Hittorfs über die Elektrizitätsleitung ver-dünnter Gase und über die mehrfachen Spektren der Gase, und Originale der ersten Röntgenapparate.

Einen großen Anziehungspunkt wird naturgemäß das voll-ständige Kabinett zur Demonstration der Röntgenstrahlen bilden. Außerdem enthält die vorzüglich ausgestattete Abteilung Modelle zur Versuchsanordnung der lichtelektrischen Entladung und Er-regung (Hallwachseffekt) sowie sonstige Apparate zur Optik und Elektrizitätslehre von Hallwachs, ein Elektrodynamometer von Werner Siemens sowie weitere Beiträge zur Entwicklung der elektrischen Präzisionsinstrumente und eine Thompson-Ampère-Wage sowie desgl. Watt- und Ampère-Wage.

Originalapparate von G. Wiedemann zur Bestimmung der Beziehung zwischen Magnetismus und Torsion mögen noch besonders hervorgehoben werden.

Stifter dieser Abteilung sind: Kgl. Bayer. Akademie der Wissenschaften; Allgem. Elektr.-Gesellschaft Berlin; Kgl. Berg-akademie Clausthal; E. Berliner; Prof. Dr. W. Feddersen, Leipzig; Ingenieur Fleuß, London; Familie Füchtbauer, Nürnberg; Human. Gymnasium Speyer; Dr. Geißlers Nachfolger, Bonn a. Rh.; Prof. Dr. Hallwachs, Dresden; Geh.-Rat Prof. Dr. W. Hittorf, Münster; Kgl. Industrieschule Nürnberg; Lyzeum Dillingen; Lyzeum Regensburg; Phys. Institut der Techn. Hochschule Dresden; Phys. Institut der Universität München; Ingen. Poulson; Real-schule Kissingen; Phys. Kabinett der Univ. Würzburg; Phys. Institut der Technischen Hochschule München; Technische Hochschule Dresden und Mechaniker Oskar Leuner; Phys. Inst.

der Univ. Leipzig; Geheimrat G. Quincke; Prof. Dr. A. Raps, Berlin; Geheimrat Professor Dr. W. C. Röntgen; M. Sendtner, München; Siemens & Halske, A.-G., Berlin; Schäffer & Budenberg, Magdeburg-Buckau; Kgl. Sternwarte München; Städtische hist. Sammlung Ingolstadt; Techn. Hochschule Dresden; Bankier Waitzfelder; Prof. E. Wiedemann; Universität Würzburg; Kgl. Württ. Zentralstelle für Gewerbe und Handel; Karl Zeiß, Jena.

Auch die Abteilung **Elektrotechnik, Telegraphie und Telephonie** dürfte einen großen Anziehungspunkt auf den Besucher ausüben, und zwar zunächst die magnetelektrische Maschine von Stöhrer, 1844, der elektromagnetische Rotationsapparat von Steinheil, sowie die erste dynamoelektrische Maschine von Werner Siemens mit Doppel-T-Anker 1868 und die magnetelektrische Maschine mit 50 Stahlmagneten sowie dynamoelektrische Maschine von Hefner-Alteneck mit Trommelanker 1873.

Wir finden ferner eine der ersten und größten Gleichstrommaschinen von Gramme mit Doppelringanker, 1872, sowie eine der ersten Schuckert-Maschinen 1874 sowie eine der ersten Flachringmaschinen von Schuckert und einer der ersten Transformatoren von Gaulard und Gibbs.

Aber auch die Unipolarmaschine von Werner Siemens und G. Kirchhoff, sowie ca. 10 weitere ausgewählte Typen zur Entwicklung der Dynamomaschinen und Elektromotoren, darunter die Konstruktionen von Hoffmann, Richter, Görges usw. verdienen berechtigtes Interesse, wie denn auch die Sammlung zur Entwicklung der Akkumulatoren in historischer Reihenfolge zu einem besseren Verständnis der Materie beizutragen berechtigt ist. Tribelhorn-Akkumulatoren.

Die Sammlung von Kabelabschnitten zur Entwicklung der Kabeltechnik, sowie das Original des ersten elektrochemischen Telegraphen von Sömmering und die Nachbildung der Telegraphenapparate von Coock und Wheatstone usw. und nicht zuletzt des zwischen München und Salzburg verwendeten Steinheilschen Telegraphenapparates mögen noch besonders hervorgehoben werden.

Außerdem wird uns die Nachbildung des Nadeltelegraphen von Gauß & Weber, die des ältesten Schreibtelegraphen von Morse veranschaulicht.

Die ersten Telegraphenapparate von Werner Siemens sowie eine Auswahl zur Darstellung ihrer weiteren Fortentwicklung, der Bildertelegraph sowie sonstige Beiträge zur modernsten Entwicklung der Telegraphie von Cerebotani, das Original des Versuchsapparates von Philipp Reis zur Herstellung eines Fernsprechers sowie weitere Beiträge zur Entwicklung des Telephons, all diese Gegenstände bieten ein großes Interesse nicht nur für den Fachmann, sondern auch für den Laien. Speziell für letztere dürfte der Telephon-Vielfachumschalteschrank mit Darstellung der verschiedenen Umschaltesysteme, betriebsfähig, sowie lautsprechende Telephone, Maschinen- und Kesseltelegraph, selbsttätige Umschaltestelle für Telephonanlagen, eine vollständige Zusammenstellung über die Entwicklung der Funkentelegraphie von ihren ersten Anfängen bis zu den modernsten Einrichtungen, dazu eine komplette Funkenstation modernsten Systems mit Demonstrationsapparaten eine besondere Aufmerksamkeit erfahren.

Stifter dieser Gruppe sind: Kgl. Bayer. Akademie d. Wissenschaften; Akkumulatorenfabrik A.-G. vorm. Hagen; Dr. Luigi Cerebotani; Felten & Guilleaume; Kgl. Industrieschule Augsburg und Kgl. Bayer. Verkehrsverwaltung; Norddeutsche Affinerie Hamburg; Physik. Verein in Frankfurt a. M.; Dr. H. Scholl, München; Siemens & Halske, A.-G., Berlin; Siemens-Schuckertwerke Berlin; Kgl. Techn. Hochschule München; Tribelhorn-Akkumulatorenwerke Dohna; Universität Würzburg; Universität Göttingen; Kgl. Bayer. Verkehrsverwaltung; E. Zwietusch & Co., Charlottenburg.

In der Gruppe **Maschinenwesen** finden wir u. a.: das Original einer der ältesten deutschen Dampfmaschinen Wattscher Bauart vom Jahre 1813, sowie Original eines Wattschen Kofferkessels, das Originalmodell einer Hochdruckdampfmaschine von Reichenbach ca. 1810, erste Betriebsdampfmaschine, Balanciermaschine der Kruppschen Gußstahlfabrik 1839 sowie Original eines alten hölzernen Balanciers vom Jahre 1809, ferner eine der ersten Hochdruckdampfmaschinen von Alban nebst zugehörigem Kessel als Typus der ersten brauchbaren Wasserrohrkessel vom Jahre 1840—1860 und das Original einer Schiffs-Seitenbalanciermaschine vom Jahre 1842.

Photogr. M. Coppenrath.

Gruppe: Maschinenwesen.
Balancier-Dampfmaschine a. d. J. 1835. — Hochdruck-Dampfmaschine
von Dr. E. Alban 1840.

Außer diesen hervorragenden Ausstellungsobjekten wird uns die liegende Schiebermaschine mit U-förmigem Rahmen von 1861, das Original der ersten von Gebr. Sulzer gebauten Ventilmaschine mit Schnitten durch Zylinder und Ventile vom Jahre 1865 sowie längsgeschnittener Originalzylinder einer modernen Sulzermaschine, das Modell der ersten Compound-Schiffsmaschine, welche die Kaiserlich Deutsche Marine für ihre Aviso erhielt, ferner das Modell der ersten auf dem europäischen Kontinent konstruierten Triple-Expansionsdampfmaschine, sowie das Modell eines Schiffsflammrohrkessels und ein Schnittmodell eines modernen Schiffsröhrenkessels zur Veranschaulichung gebracht.

Besonders hervorzuheben wäre noch die älteste Wolfsche Lokomobile vom Jahre 1862 sowie bewegliches Schnittmodell einer modernen 400 PS-Heißdampflokomobile, das Modell einer 1000 pferdigen Lokomobil-Zentrale mit 3 Lokomobilen und

Zwischenbogen für die Bedienung der Maschinen, das Original einer der ersten Parsons-Turbinen mit Aufdeckung der inneren Teile, das Original einer der ersten Laval-Turbinen und ein großes Modell einer modernen Dampfzentrale mit Darstellung der verschiedenen Kessel- und Maschinentypen nebst allen Hilfsapparaten, ferner das Original einer offenen Heißluftmaschine von Ericsson 1860, das Original einer liegenden Lehmannschen Heißluftmaschine 1860 von 1 PS sowie betriebsfähiges Modell einer gleichartigen Lehmannschen Heißluftmaschine und zuletzt eine der ersten Gasmaschinen von Lenoir 1860.

Aber auch eine der ersten atmosphärischen Gasmaschinen von Langen & Otto, eine genaue Nachbildung des ältesten Viertaktmotors, mit welchem Otto seine Versuche anstellte, sowie Modell eines der neuesten Viertaktmotoren von 600 PS. gekuppelt mit einer Gleichstrom-Dynamo, ein Gasmotor mit durchschnittenem Zylinder und Ventilen zur Darstellung der Wirkungsweise, sowie eine der ersten Zweitakt-Gasmaschinen von Clerk 1882, ein bewegliches Schnittmodell des ersten

Photogr. Dr. Stange.
Gruppe : Maschinenwesen.
Links: Seitenbalanciermaschine 40 PS 1840 von Cockerill. — Rechts: Dampfmaschine nebst Kondensator eines Torpedobootes.

Oechelhäuser Motors von 600 PS. und das Modell einer doppeltwirkenden Zweitaktgasmaschine machen die Ausstellung sehr interessant.

Wir finden ferner einige Motoren von Daimler 1883, den ersten Diesel-Verbrennungsmotor nebst zugehörigem Urkunden-

Photogr. M. Coppenrath.
Gruppe: Maschinenwesen.
Zylinder einer Dampfmaschine von Sulzer.

material 1893. In dem Original einer einfachwirkenden Reichenbachschen Wassersäulenmaschine vom Jahre 1810, sowie in dem betriebsfähigen Modell einer Wassersäulen-Kraftmaschine nach Reichenbach von Speck, dem Original des ersten Schmidtschen Wassermotors, dem Wassermotor für Kleinbetrieb mit geschnittenem Zylinder und dem Modell eines chinesischen Wasserschöpfrades wurden uns sehr wertvolle Gegenstände gezeigt.

Photogr. Dr. Stange.

Gruppe: Maschinenwesen.

Typus der ältesten Dampfmaschinen von Watt a. d. J. 1776.

(Original aus dem Jahre 1813).

Originalturbine von Knop. — Löffelrad einer alten rumänischen Mühle.

Betriebsfähiges Modell eines mittelschlächtigen Wasserrades nach Entwürfen von Baudirektor Dr. v. Bach.

Berechtigtes Interesse verdient die rumänische Holzturbine nebst Modell der zugehörigen Mühle, ferner das Original einer der ersten Hochdruckturbinen von Fourneyron aus dem Jahre 1834 und die von der Firma J. M. Voith in Heidenheim gebaute Francis-Turbine 1873 nebst betriebsfähigem Glasmodell, betriebsfähiges Modell einer modernen Nagelturbine. Als weiteres Lehrmittel dient uns das Reliefmodell, darstellend die Entwicklung der oberirdischen und unterirdischen Wasserhaltungsmaschinen, wobei die einzelnen Maschinenmodelle entsprechend der Tourenzahl der wirklichen Maschinen angetrieben sind; dazu soweit möglich Originalventile der betreffenden Maschinen.

Zuletzt haben wir noch die rotierende Pumpe von Adolf Repsold, ein betriebsfähiges Modell eines vertikalen Schiffshebewerkes mit Aufdeckung der inneren Teile, eine Sammlung kinematischer Modelle mit Antriebsvorrichtungen, ca. 1800 bis 1850, und ausgewählte Beiträge zur Entwicklung der Maschinenelemente, darunter neuestes Gestängeschloß, Reibungskupplung, typische Muster von Drahtseilen usw., besonders hervorzuheben.

Stifter dieser Abteilung sind: Kgl. Bayer. Akademie der Wissenschaften; Stadtmagistrat Plau, Dr. E. Alban, Plau i. M.; Maschinenfabrik Augsburg-Nürnberg und Ingen. Rudolf Diesel, München; Baudirektor Dr. v. Bach, Stuttgart; Kgl. B. Kriegsministerium; Böhm & Wiedemann, München; Mr. Dugald Clerk, London; Frau Kommerzienrat Daimler, Cannstatt; Handelssachverständiger Dr. Delius, Shangai; Gasmotorenfabrik Deutz bzw. Bergmann-Elekt.-Werke A. G., Berlin; Düsseldorf-Ratinger Röhrenkesselfabrik vorm. Dürr & Co.; Kgl. Bayer. General-Bergwerks- und Salinen-Administration; Haniel & Lueg, Düsseldorf; Lohmann & Stolterfoht, Witten; Felten & Guilleaume, Köln; Kgl. Bayer. Industrieschule München; Geh. Kommerzienrat A. Junghans, Schramberg; Spinnereibesitzer A. Krafft, St. Blasien; Fa. Friedr. Krupp, A.-G.; G. Kuhn, Stuttgart-Berg; Gebr. Körting, Körtingsdorf; H. Lanz, Mannheim; De Laval, Stockholm; Mansfeldsche Kupferschiefer bauende Gewerkschaft Eisleben; Museumsverwaltung; Reichs-Marine-Amt Berlin; Nagel & Kaemp, Hamburg; Generaldirektor Dr. Ing. W. von Oechelhäuser-Dessau, Berlin-Anhalt Maschinenbau-A.-G.; Mr. C. A. Parsons, Newcastle-on-Tyne; A. Repsold & Söhne, Hamburg; Preußisch-Rheinische Dampfschiffahrtsgesellsch., Köln; Geh. Reg.-Rat Prof. Dr.-Ing. Riedler, Charlottenburg; Gebrüder Sulzer, Winterthur; die Einzel-

teile von der Firma L. & C. Steinmüller, Gebr. Sulzer; Obergespann und Comes Gust. Thalmann, Herrmannstadt; J. M. Voith,
Heidenheim a. d. Brenz; R. Wolf, Magdeburg-Buckau; Kgl. Württemberg. Zentralstelle für Gewerbe und Handel; Geh. Kommerzienrat Dr.-Ing. C. H. Ziese, Elbing; Gebr. Zoeppritz, Mergel-
stetten.

In der Gruppe: **Städtehygiene, Heizung, Beleuchtungs-
wesen, Lüftung und Kälte** finden wir naturgemäß überwiegend
Modelle und Reliefs, weniger Originale, so z. B. ein Relief des
Quellengebietes für die Wasserversorgung der Stadt München,
Ozongitter von Werner Siemens, Ozonapparat für Druckluft,
sowie Modell einer modernen Wassersterilisationsanlage, das Modell einer Spülgallerie und sonstiger typischer Spezialbauten der
Kanalisation, Modelle typischer Details der Dresdener Kanalisation und das Modell eines modernen Schulsaales 1 : 10.

Alsdann seien der Reihenfolge nach aufgeführt: Der von
Prof. Dr. Robert Koch für seine grundlegenden Untersuchungen
benutzte erste Brutschrank, Modell einer altrömischen Hypo-
kaustenheizung von der Saalburg, Originalmodell eines Heiz-
apparates für Heißwasserheizung von Perkins, das Modell der
ersten geschlossenen Niederdruckdampfheizung, Modell der ersten
offenen Niederdruckdampfheizung, der Strebels Original-Gegen-
strom-Gliederkessel, sowie weitere typische Konstruktionsteile für
Warmwasserheizungen, das Original eines Plattenheizkörpers mit
Drehvorrichtung und eines Rohrippenelementes, sowie weitere
typische Konstruktionsteile für Wasser- und Dampfheizungen,
das Modell einer der ersten Etagenheizungen, das Modell des
ersten Ventilationsofens Leras, des Meidingerofens und des Zentral-
schachtofens, das Modell des Doppelbatterie-Luftheizofens von
Krell, das Original eines Heizkörpers und Modell eines Herdes
für elektrische Heizung, System Helberger, die Sammlung
von Lampen und Brennern zur Darstellung der Entwicklung des
Spirituslichtes, eine Reihe von Original-Jablochkow-Kerzen, die
Sammlung typischer Konstruktionen elektrischer Lampen, darunter Darstellung der Entwicklung der Kriziklampe von 1880
bis 1886, die Sammlung zur Entwicklung der Differentiallampe
in ihren verschiedenen Ausführungen von 1879 bis 1884 und
zuletzt die Sammlung zur Entwicklung der elektrischen Glüh-
lampen, darunter eines der ersten Modelle der Tantallampe.

Stifter dieser Gruppe sind: J. L. Bacon, Berlin; Bechem &
Post, Hagen; Prof. Dr. Max Bücheler, Weihenstephan; Prof.
Dr. Ebert, München; Eisenwerk Kaiserslautern; Ing. C. Giebeler,
Großlichterfelde; O. Helberger, München; Geh. Baurat Jacobi,
Homburg; Käuffer & Co., Mainz; Oberbaurat Klette, Dresden;
Dir. O. Krell s., Nürnberg; H. Liebau, Magdeburg; R. O. Meyer,
Hamburg; Joh. P. Müller & Co. durch Herrn Stadtbaurat Re-
horst, Halle; Reichsgesundheitsamt; Rietschel & Henneberg,
Berlin; Siemens & Halske, A.-G., Berlin; Siemens - Schuckert-
Werke, Berlin; Stadtmagistrat München.

Von der Gruppe: **Bauingenieurwesen** seien folgende Modelle,
Straßen-, Eisenbahn- und Tunnelbau, Fluß- und Wehrbau, Kanalbau und Binnenschiffahrt, Brückenbau und Eisenhochbau, Bau-
maschinen, Baumaterialien hier angeführt: das Modell einer der
ersten Brücken mit Pauliträgern, eine Anzahl historisch bedeutender
Brückenmodelle aus der Zeit von 1800—1850, darunter: Modell
der Innbrücke bei Rosenheim von Wiebeking, Modell der Lands-
bergerbrücke nebst Hilfsgerüst für die Pfeilereinmauerung und
Pfahlrostfundierung, verschiedene Modelle älterer und neuerer
technisch wichtiger Brücken und Brückenteile, Modell der
ältesten Gitterbrücke in Deutschland, der alten Offenburger
Brücke, der Saynerhütte als Beispiel einer gußeisernen Dach-
binderkonstruktion, der seitlichen Versteifung einer beweglichen
Knotenpunktsverbindung von der Mainbrücke b. Wertheim, des
Betonaquäduktes über die Murg bei Weißenbach, der Beton-
brücke bei Bruch-Mühlbach, der Neckarbrücke bei Neckar-
hausen, ferner ein Profilograph von S c h m i d t zur Aufnahme
von Straßenquerprofilen, ein Reliefmodell der Kesselbergstraße,
ein Modell der ersten europäischen Zahnradbahn, Rigibahn mit
Lokomotiven und Wagen 1870, der ersten kombinierten Zahnradbahn System Abt 1885, der Zahnradbahn auf den Pilatus
mit Motorwagen 1889, der Jungfraubahn mit elektrischer Lokomotive und Wagen 1905, der Schwebebahn Elberfeld-Barmen.
Ferner eine systematische Sammlung der Rillenschienen,
Modell einer Weichenzunge aus früherer Zeit, Schienenstoß-
verbindungen in wirklicher Ausführung, Modell für die Fundation
der neuen Kaimauer in Passau, Modelle für die Bauanlagen zur
Isarregulierung, System Wolf, sowie ein Modell der Etschwerke
bei Meran im Maßstab 1:200 mit Schnitten durch die Wasser-

bauten, der Schweinfurter Wehranlagen im Maßstab 1:200 mit den alten und neuen Wehreinrichtungen, der Isarkorrektion bei Landshut, Modelle verschiedener älterer Ausführungsformen der Kunstrammen, sowie Originale von Bauwerkzeugen, zurückreichend bis 1550.

Außerdem wird die Sammlung ergänzt von einem selbstregistrierenden Flußtiefenmesser von Schmidt nebst Modell der Gesamtanordnung, römischen Ziegeln von der Kirche in Prüfening, buntglasierten Ziegeln von der alten Moschee in Eriwan und alte französische und englische Falzziegel, ferner solche Ziegel vom Heidelberger Schloß vom 15. bis 18. Jahrhundert und solche der Marienburg aus verschiedenen Bauperioden.

Aber auch nachstehende Objekte dürften — wenn auch mehr dem Fachmann — so doch dem Laien von Interesse sein: Typen alter und neuer holländischer Ziegel, Tafel, darstellend die Entwicklung des Gewölbes, Modell eines dreiflügeligen Eckardtschen Ringofens, Modell der ersten Tonschneideziegelpresse und Original der ersten Dampfziegelpresse; ferner ein Modell der ersten Portlandzementfabrik in Züllchow, sowie je ein Modell einer modernen Zementfabrik für Trocken- und naße Aufbereitung, das einer Zementkugelmühle und das eines Kunstsandstein-Härtekessels, ausgewählte Modelle von Beton- und Eisenbetonbauten nebst deren Konstruktionsdetails, sowie feuersichere Decken und Wände etc., sowie das Modell eines Bauplatzes mit Betonmischmaschine mit verschiedenen Werkzeugen aus der Steinzeit, Diamantwerkzeuge für Steinbearbeitung nebst bearbeiteten Steinproben beschließen die Sammlung.

Stifter dieser Abteilung sind: Kgl. Bayr. Oberste Baubehörde; Kgl. B. General-Bergwerks- u. Salinenadministration; A. Borsig, Tegel; Städte Bozen und Meran; W. Eckardt & Ernst Hotop, Köln; Kgl. Kommerzienrat C. Freytag, Neustadt a. H.; Oberbaurat Dr.-Ing. H. Gerber; Halberstadt-Blankenburger Eisenbahngesellschaft; Dir. Hambloch; Schloßbauverwaltung Heidelberg; Kgl. Techn. Hochschule München; Ing.-Abtlg. der Kgl. Techn. Hochschule Karlsruhe; Jungfraubahngesellschaft und Fa. Oerlikon, Zürich; Fr. Krupp, A.-G., Essen; Kgl. Schloßbauverwaltg. Marienburg; Bauinspektor Merkel, Hamburg; K. Müller, Freiburg i. Br.; Maschinenfabrik Nürnberg; Professor Dr. K. Oebbeke, München; Phönix, A.-G., Laar; Pilatusbahngesellschaft; Verein

Deutscher Portland-Zementfabriken, Dr.-Ing. Rud. Dyckerhoff, Amöneburg u. Dr. Goslich; Rigibahngesellschaft; C. Schlickeyen, Berlin; Kgl. Bayer. Verkehrsverwaltung; J. Vögele, Mannheim; Wayß & Freytag, Neustadt a. H., M. Koenen, Direktor, Berlin, Visintini & Weingärtner, Dresden; Genthiner Zementbaugesellschaft in Genthin u. a.; K. Wesseling, Leiderdorp; R. Wimmel & Co., Berlin; Kgl. Württemberg. Zentralstelle f. Gewerbe und Handel.

Photogr. M. Coppenrath.

Gruppe: Verkehrswesen.

Die erste bayer. Schnellzugslokomotive a. d. J. 1874 von Maffei.

Die in der großen Halle untergebrachte Abteilung: **Verkehrswesen, Landtransportmittel, Schiffbau, Luftschiffahrt** bietet ebenfalls manches Überraschende. Vor allem ist es das Original der ersten bayerischen Schnellzugslokomotive, in Längsdurchschnitten durch Kessel und Zylinder und Bewegungseinrichtungen, die Lokomotive von K r a u ß v. J. 1867, Vorbild für die Entwicklung der Lokalbahnlokomotiven, sowie die Nachbildung der ältesten Lokomotive „Puffing Billy" 1813.

Aber auch das Modell der Lokomotive „Rocket" 1829, das der ersten in Deutschland verwendeten Lokomotive Adler sowie des ersten deutschen Eisenbahnzuges 1837, ferner Modelle der wichtigsten Schnellzugs- und Güterzugslokomotiven, Eisenbahnwagen etc., ferner weitere Modelle der wichtigsten deutschen

Lokomotiven und Eisenbahnwagen, das eines der ersten Personen-
wagen mit Seitengang, Bauart H e u s i n g e r , sowie das des Unter-
gestelles einer $^2/_5$ gekuppelten Personenzug-Tenderlokomotive mit
K r a u ß schem Drehgestell und die Modelle eines Bahnpostwagens
ältester und neuester Bauart dürften dem Besucher von großem
Interesse sein.

Folgende Gegenstände mögen hier registriert werden : Elektrische Zugbeleuchtungseinrichtung mit R o s e n b e r g scher
Dynamo- und Aluminiumzelle, Original der ersten elektrischen
Lokomotive von W e r n e r S i e m e n s , Modell des ersten elektrischen Wagens der Groß-Lichterfelder Bahn aus dem Jahre 1881,
Modell des bei den Schnellbahnversuchen Marienfelde—Zossen
verwendeten S i e m e n s schen Schnellbahnwagens, Leitungsmast
und Stromabnehmer für elektrische Schnellbahnen, Modell
einer Postkutsche aus dem 18. Jahrhundert, Original des ersten
Daimler-Wagens, Original des ersten Benzwagens, Beiträge zur
Entwicklung des Eisenbahnsignalwesens : Stellwerke, Semaphore
etc., Originale und Modelle, darunter die Konstruktionen von
J. Vögele, Mannheim, Max Jüdel & Co., Braunschweig, Schnabel
& Henning, Bruchsal, Modelle eines S i e m e n s schen Weichen-
und Signal-Stellwerkes mit elektrischem Stationsblock, Ausführung 1873, eines Streckenblockwerkes, ferners Weichenver-
schlußriegel, Schienendurchbiegungskontakt, Signalmast mit
elektrischem Antrieb, Weichenschloß Bouré, Nachbildung des
Zweirades von M. F i s c h e r 1840, Tabellen über den Schiffs-
bestand der verschiedenen Seemächte, Modell der „Santa Maria"
des Kolumbus, Modell des N e l s o n schen Admiralschiffes
„Victory", Modell einer chinesischen Dschunke, Modell des
ersten in Preußen gebauten eisernen Schraubenseedampfers
„Borussia", Modell des Schnelldampfers „Fürst Bismarck", große
kolorierte Schnittzeichnung des Schnelldampfers „Kaiser Wil-
helm II.", Modell der kurbrandenburgischen Fregatte „Friedrich
Wilhelm zu Pferde", Modell der preußischen Segelfregatte
„Gefion", Modelle der Linienschiffe „Sachsen" (Sachsenklasse),
„Wörth" (Brandenburgklasse), „Kaiser Barbarossa" (Kaiserklasse),
Modell des großen Kreuzers „Friedrich Karl", Modell des kleinen
Kreuzers „Bremen", des Hochsee-Kanonenbootes „Eber", sowie
Blockmodelle der wichtigsten Schiffstypen, Modell des schnellsten
Torpedobootes, welches bis jetzt in der Welt vorhanden ist:

von diesem Typ (Typ Hai-Lung) wurden vier Boote für die Kaiserlich chinesische Marine gebaut, welche auf den Probefahrten $35\frac{1}{2}$ Knoten Durchschnittsgeschwindigkeit während der Dauerfahrt leisteten, Original eines Torpedos mit aufgedeckter Inneneinrichtung, Modell des ersten in Deutschland gebauten Dampfbaggers, Modell eines modernen Schwimmbaggers, Modell des Südpolarschiffes „Gauß", Modell eines Kabeldampfers, Modell eines Eisbrechers, Original des ersten Motorbootes von Daimler, Modell einer Rennjacht in Tetraëder-Schiffsform, Original einer modernen großen Schiffschraube mit Schwanzwelle.

Photogr. Ernst Schmidt.

Gruppe: Schiffswesen.
Hamburger Convoy-Schiff mit Hamburger Wappen.

Photogr. Ernst Schmidt.
Gruppe : Schiffswesen.
Modell des Schiffes »Construido« — »Santa Maria«
Gestiftet von Sr. Majestät König Alfons von Spanien.

Ferner das Original eines Normalankers und Holznach-
bildung eines großen Hall-Ankers, eine vollständige Taucher-
ausrüstung im Original, diverse Modelle für den Massenausgleich
an Schiffsmaschinen, zur Theorie des Schiffskreisels und Meßapparate für Vibrationserscheinungen an Schiffen und ein auf-
klappbares Modell des Rote-Sand-Leuchtturmes.

Zuletzt möge noch auf das Modell einer modernen Gas-
leuchtboje sowie einer Gasboje mit Glocke und einer Heulboje
sowie auf das Modell einer alten Schiffsbauwerkstätte, sowie
eines alten hölzernen Schwimmdocks, 1852, und das eines
modernen Trockendocks hingewiesen werden.

Betreff der Flugapparate wird uns ein solcher nach Lilienthal und eine verbesserte Form von letzterem zur Anschauung
gebracht. Berechtigtes Interesse verdient vor allem das von
König Alfons von Spanien gestiftete Modell des Flaggschiffes
„Santa Maria" von Kolumbus, auf dem der kühne Seefahrer
zur Entdeckung der neuen Welt auszog.

Stifter dieser Gruppe sind: Se. Maj. der Deutsche Kaiser; Se. Maj. König Alfons von Spanien; Schiffswerft und Masch.-Fabrik Blohm & Voß, Hamburg; Rhein. Gasmotorenfabrik Benz & Co., Mannheim; Ing. Charles Brown, Baden; Frau Kommerzienrat Daimler; Verein Deutscher Eisenbahn-Verwaltungen; K. K. Ferdinandsnordbahn, Wien; Prof. Fleischer, München; Geh. Admiralitätsrat Franzius, Kiel; Gesellschaft für elektrische Zugbeleuchtung, Berlin; Hofwagenfabrikt Frz. Gmelch, München; Gutehoffnungshütte, Sterkrode; Hamburg-Amerika-Linie; Howalts-werke Kiel; J. W. Klawitter, Danzig; Dr.-Ing. Gg. v. Krauß; Lomotivfabrik Krauß, München; Geh. Marinebaurat Kretschmer, Berlin; Fr. Krupp, A.-G., Essen; Norddeutscher Lloyd, Bremen; Stadtgemeinden Nürnberg u. Fürth; Schiffs- und Maschinenbau-Aktien-Gesellschaft Mannheim; Kaiserl. Patentamt Berlin; Pfälzische Eisenbahnen; Julius Pintsch, Berlin; Kgl. Preuß., Kgl. Sächs. und Kgl. Württ. Staatseisenbahnen; Waggonfabrik Rathgeber, München; Reichsmarineamt Berlin; Reichsmarinesammlung Berlin; Direkt. H. v. Ruecker, Shanghai; Verein deutscher Schiffswerften; Patentbureau Reichau-Schilling, Berlin; Konsul O. Schlick, Hamburg; Siemens & Halske, A.-G., Berlin; Stadtmagistrat Schweinfurt; Nordd. Seekabelwerke Nordenham; Kgl. B. Verkehrsverw.; Geh. Kommerzienr. Dr.-Ing. H. Ziese, Elbing.

Die Gruppe: **Chemie, Chemische Technologie, Gastechnik, Kälteindustrie.** Die Chemie, eine der interessantesten Wissenschaften, wird uns in vier aufeinander folgenden Laboratorien vorgeführt, und zwar das alchimistische, das phlogistische, das Liebig'sche und das Laboratorium der Jetztzeit.

Versuchen wir dem Werdegang der Chemie, wie dieselbe uns im »Deutschen Museum« gezeigt wird, zu folgen.

Zunächst das alchimistische Laboratorium. Man nahm früher an, daß sich der Alchimist im Besitz von geheimnisvollen Kräften befände, um Geister und Stoffe zu bannen. Sein Wahrzeichen war ein unheimlicher Salamander, und die Manipulationen, die diese Alchimisten betrieben, waren in eine bilderreiche Sprache gekleidet:

> »Da ward ein roter Leu, ein kühner Freier,
> Im lauen Bad der Lilie vermählt
> Und beide dann mit off'nem Flammenfeuer
> Aus einem Brautgemach ins andere gequält.«

7*

In dunklen Gewölben trieb der alte Chemiker sein Wesen, der sich sogar unterfing, einen Homunculus herstellen zu wollen. Ja, es waren oft irrige Pfade, die die frühere Alchimie durchzogen — ein Herumtasten! Naive Anschauungen über die uns umgebende Naturkraft erstickten mehr oder weniger die aufkeimenden Triebe einer methodischen Induktion. Lenken wir unseren Geist auf die alten Völker zurück, die alle von der Sucht durchdrungen waren, die Transmutation der Metalle — also die Verwandlung der unedlen in edle — durch den Stein der Weisen (mercurius philosophorum), die Universalmedizinen (aurum potabile, trinkbares Gold), die großen Elixiere bewerkstelligen zu können.

Insbesondere waren es alte griechische Erinnerungen, denn was da in dem späteren alchimistischen Zeitalter zutage trat, und einer Naturerklärung so starke Impulse zu verleihen verstand, darf man keineswegs nach den oft naiven Produkten bewerten. In der Grundidee der Metallverwandlung werden wir stets Aristoteles finden, aus dessen Mischungstheorien auch die Alchimie ihre Lebenskraft entnahm. Als ein großes Hemmnis der weiteren wissenschaftlichen Entwicklung der Chemie mußte man die getrennten Wege, die da Praxis und Theorie gingen, bezeichnen. Die Praxis war für die Chemie schon damals geschichtsbildend, während die Theorie ihr Leben noch hilflos fristete. Der antike Einfluß steht außer allen Zweifel, indem der feinsinnige Naturforscher und Begründer der vergleichenden Methode, Aristoteles, welcher den der Metallverwandlung zugrunde liegenden Gedanken oft genug aussprach. Hierbei drängt sich uns unwillkürlich die Frage auf, was war es denn, das die antike Hinterlassenschaft in die neue Zeit hineinhob? Es war die Idee von der Geltendmachung einer Umwandlung ohne die Ausscheidung der Elemente. Die Alchimie war demnach die Folge der Naturansichten des Aristoteles. Auf jeden Fall existierte vor dem Niedergange der antiken Welt eine gut entwickelte Chemie; die Naturgeschichte von Plinius berichtet uns sehr viel, und daß die Alchimie den Agyptern, den Alexandrinern viel verdankt, soll nur nebenbei erwähnt und einige Berichterstatter wie Demokrit von Abdera, Zosimos u. a. namhaft gemacht werden.

Mit der Eröffnung großer arabischer Alchimistenschulen drang wieder neues Leben in die Entwicklung der Chemie; ein ganzer Schatz chemisch-praktischer und theoretischer Erfahrungen wurde erschlossen und zugänglich gemacht. Allmählich wandte sich die Alchimie von Arabien ab und fand im 11. Jahrhundert in den christlichen Ländern Europas einen festen Boden. Wir wollen hier Männer, wie Albertus Magnus, Roger Baco erwähnen; diese waren die Glanzsterne der alchimistischen Epoche, ja diese Gelehrten stellten den Klassizismus der reinen Alchimie »die Chymia transmutatoria« d. h. die Verwandlung der Metalle in Gold und Silber. Neben dieser Tendenz traten noch zwei Nebendisziplinen auf: die Chymia docimatica = die Scheide- oder Probierkunst, und die Chymia medica. Wenngleich in dieser Periode alles religiös gedeutet, ja religiös gedacht wurde, was speziell auf die Chemie in größtem Maße Anwendung fand, so war es doch eine Zeit chemischen Denkens und einer begeisternden Forscherarbeit. Gewöhnlich hört man sagen, daß die ganze Alchimie Scharlatanismus gewesen sei; diese Bewertung zeugt von sehr mangelhafter Geschichtskenntnis und einer oberflächlichen Betrachtung der alchimistischen Ära. Man überträgt bei derartigen Äußerungen den gewonnenen Eindruck, den man von einzelnen zweifelhaften Größen, die als Alchimisten populär geworden sind, auf das ganze Problem, und das ist ebenso falsch, wie ungerecht. — Wahrlich, wer sich mit vollem Ernste in das eigentliche Große dieser Denkerphantasien hineinversetzen will, wird sich schließlich doch sagen müssen, daß diejenigen, die diese »Kunst« ehrlich betrieben haben, an ihr ein wissenschaftliches Problem erlebten. Und ziehen wir noch alle die synchronistischen Empfindungselemente in Betracht, so werden wir sehr leicht fühlen, was Erhabenes, Großes in den dereinstigen Talenten verborgen war. Die alchimistischen Klassiker waren es, wenn wir uns so ausdrücken dürfen, die zuerst versuchten, die Naturkräfte zu bändigen, um der Chemie neue Pfade zu zeigen; allerdings hat die moderne Chemie in methodischer und scharfer Induktion die exakte Wissenschaft aus der Vergangenheit hervorgehoben.

In dem alchimistischen Laboratorium finden wir: 1. Metalle z. B. Gold, Silber, Kupfer, Eisen, Zinn, Quecksilber usf., 2. Salze z. B. Salpeter, Alaun, Soda, Pottasche, Kupfervitriol,

3. Mineralfarben z. B. Mennige, Zinnober, Auripigment usf.,
4. Organische Substanzen z. B. Zucker, Stärke, Weingeist,
Essig usf.

Porträts, Apparate und Präparate berühmter Alchi-
misten z. B.: Geber (Destillierapparat mit Alembik, Präparate:
Schwefelsäure, Salpetersäure, Arsenik, Höllenstein, Sublimat usf.);
Albertus Magnus (Sublimier-Apparat [Aludel]), Präparate:
Schwefel aus Schwefelkies, Arsen; Baco, Villanovus (Weingeist, Destillier-Apparat, brennbarer Weingeist); Lullus (Weißer
Präzipitat, Ammonium-Karbonat); Basilius Valentinus: Destillier-Apparat mit Wasserkühlung, Präparate: Antimon und seine
Verbindungen, Salzsäure usf.; Paracelsus (Präparate: Kupfer-
amalgan, Weinsaures Kalium); Agricola (Probierwage, Queck-
silbertreibhütte); van Helmont (Präparate: Wasserglas und
Kieselsäure); Glauber (Wasserbad, Gefäß zum Aufbewahren
von Säuren, Präparate: Glaubersalz, Eisenchlorid, Holzessig usf.),
     Stifter der Porträts z. T. Dr. Stange, München, der Präpa-
rate E. Merck, Darmstadt.

     Fernere Ausstattungsstücke des alchimistischen Laboratoriums
sind: Herd, Kamin mit Blasbalg, Ofen, Schmelztiegel, Wagen,
Mörser, Pfannen, Retorten, Kolben, Phiolen, Trichter, Flaschen,
Zirkuliergefäße usf., alchim. Zeichen, Rezepte, ausgestopfte Tiere.

     Auch in dem hierauf folgenden Zeitalter der Iatrochemie
hatte noch die alte Idee ihre große Wirkung beibehalten, ja,
sogar Luther konnte sich dieser naturwissenschaftlichen Bil-
dungen nicht entschlagen. In seiner Canonica sagt er wörtlich:
»Die Kunst der Alchymie ist recht und wahrhaftig der alten
Weisen Philosophey, welche mir sehr wohl gefällt, nicht allein
wegen ihrer Tugend und vielerlei Nutzbarkeit, die sie hat mit
destillieren und sublimieren in den Metallen, Kräutern, Wassern
und Olitäten, sondern auch von wegen der herrlichen schönen
Gleichnisse, die sie hat mit der Auferstehung der Toten am
jüngsten Tage. Denn eben wie das Feuer aus einer, aus jeder
Materie das Beste auszieht und vom Bösen scheidet und also
selbst den Geist aus dem Leibe in die Höhe führt, daß er die
obere Stelle besitzt, die Materie aber, gleichwie ein toter Körper,
in dem keine Seele mehr ist, unten am Boden oder Grunde
liegen bleibt; also wird auch Gott am jüngsten Tage durch
sein Gericht, gleichwie durch das Feuer, die Gerechten und

Frommen scheiden von den Ungerechten und Gottlosen.« Lesen wir ferner die mit einer feurigen Begeisterung geschriebenen Bücher eines Paracelsus, eines van Helmont, wir werden nicht sagen können es waren Scharlatane, sondern es waren philosophische Köpfe, die inneres Leben mit dem, was sie an Experimentiertischen unter ihren Händen hatten, zu verbinden wußten.

Der Geist der neuen Zeit ist es, der bedauerlicherweise das. jenige, was ernste Gelehrte, Alchemisten, Iatrochemiker, wie der große Aureolus Theophrastus Paracelsus Bombastus von Hohenheim, der geniale, wissenschaftlich durchgebildete, niederländische Arzt Joh. Bapt. van Helmont — beide Humanisten im vollsten Sinne des Wortes — mit Wärme und Überzeugung geschrieben haben, so geringfügig einschätzt. Wir können wohl ihre Taten mit den heutigen Errungenschaften vergleichen, aber ihre Entdeckungen in einem derartigen Maße würdigen, wie sie zu der damaligen Zeit ein Recht hatten zu beanspruchen, können wir nicht. Die wissenschaftliche Chemie hat größtenteils aus den Lehren dieser hervorragenden Männer geschöpft, und heute noch arbeiten zahlreiche Chemiker an den damals aufgestellten Problemen. In demselben Momente, als Paracelsus der Chemie neue Bahnen wies, wurde ein ganz neues Leben geschaffen. Jedoch bedurfte es lange Zeit, bis die Vorurteile gegen die neue Richtung überwunden waren und die neue Idee: »Viele haben sich der Alchymey geeußert, sagen es mach Silber und Gold, so ist doch solches hie nicht Furnemmen, sondern allein die bereitung zu tractiren, was August und Krefft in der Artzney sey« Platz gegriffen hatte.

Auch an dieser Stelle wollen wir es nicht unterlassen zu bemerken, daß die Mit- und Nachwelt den vielgeschmähten Paracelsus nicht verstanden, und wir sagen gerade hier, daß sich die Geschichte durch ihre entstellte Kritik sehr versündigt hat. Auf jeden Fall blieb die reformatorische Tätigkeit ein immer dauerndes Erbe seiner großen, unvergeßlichen Nachfolger: van Helmont, Libavius, Sylvius, Tachenius, Glauber. Ja, diese Gelehrten haben das große von Paracelsus begonnene Werk fortgesetzt, und sie alle waren wohl eingedenk, daß man um feststehende Grundformen und funktionelle Kraftäußerungen zu ringen hatte. Es blieb denn auch nicht aus, daß sich die zusammengetragenen neuen Forschungsergebnisse immer mehr

anhäuften und somit eine Epoche: Das Zeitalter der Phlogiston-
theorie oder das der Lehre vom Feuerstoff für die Chemie ins
Leben trat. — Der Begründer dieser neuen Ära ist Georg
Ernst Stahl; dieser führte die Verbrennung und Verkalkung
ein und erhob gleichzeitig die Chemie zu einer selbständigen
wissenschaftlichen Disziplin. Aber auch die Ansicht über die
Verkalkung, welche neben Stahl ein anderer Forscher Rob.
Boyle, Johann Joachim Becher vertrat, mußte bald fallen, indem
ihr Lavoisier, durch seine Vorgänger, wie Schuh, Priestley,
Mayou, Rey, Black, Cavendish, wohl vorbereitet ein Ende be-
reitete.

Wir haben jetzt das Zeitalter: »Die Chemie der neueren
Zeit«, welches uns im Deutschen Museum im 2. Laboratorium
versinnbildlicht wird. Wir finden hier die Porträts, Apparate
und Präparate berühmter Chemiker des phlogistischen Zeitalters,
z. B. Brandt (Phosphor), Boyle (Phosphorsäure, Holzgeist usf.,
analytischer Reagentiensatz), Kunkel (Purpurglas, Musivgold
usf.), Becher (tragbarer Schmelzofen), Bötticher (Porzellan),
Stahl (Eisessig usf.), Marggraf (Rübenzucker, Einführung
des Mikroskopes in die Chemie, Apparat zum Verbrennen
von Phosphor), Hales (pneumatische Wanne) Cavendish
(Darstellung des Wasserstoffes, Apparat zur Untersuchung der
Zusammensetzung des Wassers), Cronstedt (Lötrohr, analytischer Reagentiensatz; Präparate: Nickel und Nickelsalze), Berg-
man (Bereicherung der analytischen Reagentien, Apparat zur
Darstellung der Kohlensäure), Scheele (Präparate: Arsen-, Molyb-
dän- und Wolframsäure, Braunstein und Salzsäure zur Chlor-
bereitung, Flußsäure, Blausäure, Wein-, Oxal-, Apfel-, Zitronen-
säure, Glyzerin, Pyrogallol, Apparate zur Untersuchung der
Luft zum Auffangen von Gasen usf.), Priestley (Quecksilber-
oxyd, zur Sauerstoff-Gewinnung, Gas-Entbindungs- und Auffang-
Apparate, Apparat zur Darstellung kohlensäurehaltigen Wassers,
Explosionseudiometer usf.)

Sonstige wichtige Entdeckungen aus phlogistischer Zeit z. B.
Borsäure, Berlinerblau, Blutlaugensalz, Kobalt, Platin usf., Chemische Wagen des phlogistischen Zeitalters.

Lavoisier's Büste und Apparate wie z. B. pneumatische Wannen
für Wasser und Quecksilber, Gasentbindungs-Apparate, Versuchs-
Anordnungen zur Zerlegung der Luft durch Quecksilber und

Zerlegung des Wassers durch glühendes Eisen, Apparat zum Wägen von Gasen usf.

Weitere Ausstattungsstücke eines phlogistischen Laboratoriums wie Kamine, Öfen (Schmelz-Reverberierofen usf.).

Porträts, Präparate und Apparate der berühmtesten Chemiker dieses Zeitalters, z. B. Berthollet (Kaliumchlorat, Chlorwasser, Apparat zur Zerlegung von Äthylen), Klaproth (Uran, Titan usf.), Vauquelin (Chrom, Chromsäure, Aldehyd usf.), Dalton, Avogadro, Gay-Lussac (Apparat zur Dampfdichtebestimmung, Büretten und Pipetten, Apparate zur Analyse organischer Stoffe usf.), Thénard (Wasserstoffsuperoxyd-Bor, usf., Apparat zur Darstellung von Kalium), Davy (Kalium, Natrium, Baryum, Kalkium, Magnesium, Sicherheitslampe), Faraday (Benzol, flüssige Salzsäure, flüssiges Ammoniak), Berzelius (Selen, Thorium, Silizium usf., Gasentwicklungsflasche, Chlorentwicklungs-Apparat, Öllampe, Spirituslampe, Apparate zur Elementaranalyse usf.), Dumas (Trichloressigsäure, Anthrazen usf., Dampfdichte-Bestimmungs-Apparat, Apparat zur Stickstoffbestimmung), Mitscherlich (Selensäure, Nitrobenzol usf., isomorphe Kristalle, Apparat zur Dampfdichtebestimmung, Spiritusgebläse usf.)

Stifter dieser Gruppe sind: Präparate von E. Merck, Darmstadt; Büste von Bayer & Co., Elberfeld; Originalpräparat von der Universität Greifswald; Apparate z. T. von Dr. Bender und Dr. Hobein, München; Originale von Prof. Mitscherlich, Freiburg.

Nunmehr werden wir weiter erfahren, wie sich die Chemie gleich einer Blütenpracht im Frühling gestaltet und dabei auch andere Wissensgebiete, die Technik und Physik, befruchtet. Haben wir diese Folgezeit an unserem Geiste vorüberziehen lassen, dann werden wir auch den Ausspruch des Paracelsus verstehen: »Vielleicht grünet, das jetzt herfür keimet mit der Zeit.« Wir kommen zu dem Liebig'schen Laboratorium! Justus von Liebig schuf eine Schule, in deren Gefolge sich bald die ganze Kulturwelt befand. Der Chemie wies er neue Bahnen als er die organische Chemie gründete. Er führte die Elementaranalyse ein und gab dadurch der organischen Chemie die exakte Grundlage. Im Deutschen Museum befindet sich ein Aquarell, welches das Leben in Liebigs Laboratorium zeigt. Diesem Bilde ist auch das Laboratorium nachgebildet worden; letzteres erinnert daran, daß gerade Liebig der Gründer der Unterrichtsmethode ist, die heute noch üblich ist.

Liebig (Chloroform, Chloral, Fleischmilchsäure usf., Apparate zur Elementaranalyse, Destillation mit Weigel-Liebigschem Kühler) und solche von Wöhler (Aluminium, Harnstoff, Hydrochinon usf., Apparat zur Darstellung des Aluminiums), ferner sonstige wichtige Präparate und Apparate dieses Zeitalters, z. B. Analytische Wage, Gasometer, Newmanns Gebläse, Döbereiners Feuerzeug usf.) sind zunächst vertreten.

Wir finden in diesem Laboratorium außer Originalapparaten, darunter einen Verbrennungsofen auch Präparate wie Schwefelkohlenstoff, Natriumthiosulfat, Jod, Brom, Lithium, Kadmium, Platinmetalle usf., Traubenzucker aus Stärke, Naphthalin, Jodoform, Anilin, Phenol, Pathalsäure, Chinon usf.

Vom Liebigschen Laboratorium gelangen wir in ein solches der Neuzeit; hier werden uns Porträts, Präparate und Apparate berühmter Chemiker dieses Zeitalter gezeigt, z. B. Bunsen (Gasabsorptionsapparat, Eudiometer, Bunsenbrenner usf., Rubidium, Cäsium usf.), Hofmann (Dampfdichtebestimmungs-Apparat, Vorlesungs-Apparate; Formaldehyd, Benzol, Methylanilin usf.), Viktor Meyer (Dampfdichtebestimmungs-Apparat), Raoult (Apparat zur Bestimmung der Gefrierpunktserniedrigung), Beckmann (Apparate zur Gefrier- und Siedepunktsbestimmung), Pfeffer (Osmotische Zelle und Versuchsanordnung zur Messung der Druckhöhe), Ostwald (Thermostat, Apparat zur Darstellung des verschieden schnellen Durchgangs der Gase), van 't Hoff (Atommodelle usf.)

Präparate von Gerhardt, Wurtz, Kekulé, Geuther, Grieß, Winkler, Curtius, Baeyer, E. Fischer, Wallach, Knorr, Liebermann, Wislicenus, Ladenburg, Berthelot, Muthmann (Sammlung seltener Erden), Groth (morphotrope Kristalle) usf.

Porträts berühmter Analytiker, wie Mohr, Fresenius usf., analytischer Reagentiensatz nach Fresenius, analytische Wagen.

Maßanalytische Geräte (Büretten, Pipetten, Meßkolben, Meßzylinder, Mischflaschen usf.)

Gasanalytische Apparate von Hempel, Bunte usf.

Verbrennungsofen und sämtliche zur Elementaranalyse nötigen Apparate (Gasometer, Kali und Chlorkalziumapparat usf.), Stickstoffbestimmungs-Apparat nach Schiff, Valhard, Knop usf.

Sonstige Einrichtungsgegenstände eines modernen Laboratoriums, z. B. Brenner, Gebläse, Wasserbad, Trockenschrank, Destillier-Apparate und Kühler, Kippscher Apparat usf., Quarzglasgefäße sind ebenfalls vorhanden.

Radioaktivität: Radioaktives Uranpecherz und Uransalze, Radiumpräparate, Radiotellur, Radioaktive Thorium- und Bleipräparate, Radiogramme, Baryumplatincyanür- und Zinkblendeschirm, Elektroskop von Elster und Geitel, Apparate zur Kondensation der Emanation und zum Nachweis der Thorium-Emanation nach Soddy-Guttmann.

Auch die Elektrochemie bietet viel des Interessanten, und zwar in erster Linie: Elektrolytische Apparate der ersten Hälfte des 19. Jahrhunderts, z. B. von Nicholson-Carlisle, Ritter, Simon (Wasserzersetzungs-Apparate), Davy (Darstellung von Kalium), Berzelius (Wasserzersetzung, Darstellung von Ammonium-Amalgam), Daniell (Apparat zur Elektrolyse von Salzlösungen) usf., ferner solche aus neuerer Zeit, z. B. von Bunsen (Wasserstofferzeugungs-Apparat, Apparat zur Darstellung von Magnesium), Gorup-Besanez (Darstellung der Schmelzelektrolyse), Hofmann (Apparate zu elektrolytischen Zersetzungen), Hittorf (Apparat zur Bestimmung der Überführungszahl), Ostwald (Apparat zum Nachweis freier Jonen, Wasserstoff-Chlorkette), Nernst (Apparat zur Ausscheidung von metallischem Kalium, zur Demonstration der Wanderungsgeschwindigkeit der Jonen), Wiedemann (Apparate zur elektrischen Endosmose), Quincke desgl., Apparate nach Lüpkes Elektrochemie, Hofer (Apparat zu Elektrosynthesen).

Apparate zur Elektroanalyse aus älterer Zeit nach Cruikshank, de Claubry, Wolcott, Gibbs, Luckow usf. Moderne elektroanalytische Apparate.

Voltameter nach Simon, Bunsen, Kohlrausch, Poggendorf, Ostwald, Pfannhäuser usf., Widerstandsgefäße nach Kohlrausch, Arrhenius, Ostwald, Hollborn.

Porträts berühmter Elektrochemiker.

Galvanoplastik und Galvanostegie. Galvanoplastischer Apparat nach Jacobi (mit Matrizen), größere galvanoplastische Bäder, alte galvanoplastische Arbeiten von Ohm, Kobell usf., galvanoplastische Arbeiten aus der Mitte des 19. Jahrhunderts.

Galvanochromie. Nobilis Farbenringe, Apparat zur Elektrolyse der Blei- und Mangansalze nach Lüpke, galvano-chromisch behandelte Gegenstände, elektrolytische Erzeugung, künstlischer Patina.

Ozon-Darstellung durch elektrische Entladung (Apparat), Ozon-Apparat von Siemens.

Elektrochemische Industrie (z. Teil bei Metallurgie): a) elektrische Öfen, elektrischer Lichtbogenofen, Moisans elektrischer Ofen, Widerstandsofen nach Heraëus, Glühofen nach Nernst, b) Karbid-Fabrikation, Karbidofen, c) Alkali-Fabrikation, Kastners Apparat zur Natriumdarstellung, d) Zerlegung von Alkalisalz-Lösungen zur Gewinnung von Chlor, Hypochlorit, Chlorat, Chlorkalk, Atzkalkalium nach dem Diaphragmaverfahren und dem Glockenverfahren, elektrolyti-scher Bleich-Apparat, e) Apparat zur elektrolytischen Erzeugung von Wasserstoff und Sauerstoff, f) Aluminium-Gewinnung, Heroult-Ofen, Ofen nach Kiliani, g) Salpetersäure-Dar-stellung aus Luft, Apparat nach Priestley, moderner Demon-strationsapparat, Ofen zur Salpetersäure-Gewinnung nach Birke-land, h) Sammlung von Präparaten der elektrochemischen Groß-industrie.

Stifter dieser Gruppe sind: Kgl. Akademie d. Wissenschaften München, Aluminium-Industrie A.-G., Neuhausen; Kgl. Bayer. Staat; Prof. Beckmann, Leipzig; Dr. Bender & Hobein, München; Paul Bunge, Hamburg; Prof. Bunte, Karlsruhe; Curtius, Heidel-berg; Kgl. Erzgießerei München; Dir. Eyde, Christiania; Geißlers Nfl., Bonn; Prof. Hempel, Dresden; W. B. Heraeus, Hanau; Universität Heidelberg; Prof. Hittorf, Münster; Prof. van 't Hoff, Berlin; Techn. Hochschule, München; Haas & Stahl, Aue i. S.; E. Merck, Darmstadt; Prof. Muthmann, München; Prof. Nernst, Göttingen; Prof. Pfeffer, Leipzig; Quincke, Heidelberg; Prof. Wiedemann, Erlangen.

Unter anderem heben wir noch hervor: die Sammlung historisch wichtiger chemischer Präparate aus dem wissenschaft-lichen Nachlasse E. Mitscherlichs, die von demselben zuerst dargestellten künstlichen Mineralien sowie Zuckerpolarisations-apparat, Goniometer etc., eine Anzahl von Original-Präparaten, darunter: Synthetischer Indigo, künstl. Petroleum, Präparate von Geuther und Knorr, roter Phosphor von Schrötter usw., ferner Originalmodelle zur Erläuterung der räumlichen Anordnung der Atome von J. H. van 't Hoff, eine Anzahl von Originalapparaten aus dem Laboratorium von Joh. Nep. Fuchs sowie alte Glasgefäße, Retorten, Vorlagen etc., sowie Apparate von Hittorf zur Bestimmung der Überführungszahl der Jonen und solche von G. Wiedemann für elektrische Endosmose.

Besonders hervorgehoben zu werden verdienen die Gefrier- und Siedeapparate von Beckmann, die osmotischen Zellen von Pfeffer, der Apparat zur elektrischen Endosmose und eine Sammlung von Lehrmodellen aus dem Nachlasse E. Mitscherlichs, darstellend den Stand der chemischen Großindustrie um die Mitte des 19. Jahrhunderts, wie solche zur Darstellung der Aluminiumfabrikation.

Von der chemischen Großindustrie ist hauptsächlich das Modell einer Schwefelsäurefabrik sowie eine Zusammenstellung der wissenschaftlichen Apparate, Präparate etc. zur Entwicklung der Schwefelsäurefabrikation, ferner das einer Teerfarbenfabrik, sowie das einer Indigofabrik von großer Bedeutung.

Speziell für München ist das Modell der Spatenbrauerei zu Anfang des 19. Jahrhunderts sehr interessant. Aber auch andere Modelle, wie das einer alten Spiritusbrennerei, einer Galland'schen Trommelmälzerei, von Kühlapparaten, Platten von Läuterböden usw., einer Maischpfanne mit Haube und Dampfheizung, eines Hefe-Reinzuchtapparates sind nicht weniger lehrreich.

Die Gastechnik ist durch die Originalretorte für Leuchtgasfabrikation von Degner 1818, Apparate zur Gasanalyse von Bunte und von Hempel, moderne Tonretorte, Modell des Generatorofens von Schilling-Bunte, Modell des Coze-Didier-Ofens mit geneigten Retorten, Modell eines modernen Ofenhauses mit vollständig mechanischer Fördereinrichtung, gebaut von der Berlin-Anhaltischen Maschinenbau-A.-G. und der Stettiner Chamottefabrik, sowie durch das Modell, die Gesamtdisposition eines modernen Gaswerks darstellend, das einer Ölgasanlage zur Herstellung von Mischgas und das einer Azetylenzentrale ausgestattet.

Ferner ist noch zu erwähnen: ein Modell eines kupfernen Vakuumapparates von der ältesten in Deutschland vorkommenden Form sowie gegenwärtige Ausführung desselben, sowie galvano-

plastische Arbeiten von G. S. Ohm und von Kobell u. a. Die
Kälteindustrie wird durch hervorragende Modelle der typisch
gewordenen, von Professor Dr. von Linde herrührenden Einrichtungen in der Kälteindustrie, sowie Erstlingsapparat für die
Verflüssigung und Zerlegung atmosphärischer Luft, sowie durch
die erste Kohlensäuremaschine Windhausens 1885 versinnbildlicht.

Stifter dieser Gruppe sind: Kgl. Akademie Weihenstephan;
Aluminium-Industrie-Gesellschaft Neuhausen; Geheimrat Professor
Dr. Beckmann, Leipzig; Bad. Anilin- und Sodafabrik; Geheimer
Reg.-Rat Dr. H. T. Böttinger, Elberfeld; Geh. Hofrat Prof. Dr.
Bunte; Chamottefabrik A.-G. vorm. Didier, Stettin; Chem. Inst.
der Techn. Hochschule Karlsruhe; Chem. Laboratorium d. Techn.
Hochschule München; Chem. Laboratorium des Kgl. Bayerischen
Staates; Elberfelder Farbwerke; C. Freund, Charlottenburg; Fa-
milie Füchtbauer, Nürnberg; Göggl & Sohn, München; Städt.
Gasanstalt München; Geh. Reg.-Rat Prof. Dr. Hittorf, Münster
i. W.; Ch. Hansen, Kopenhagen; Geheimrat Prof. Dr. J. H. van
't Hoff, Berlin; Geheimer Hofrat Hempel; C. Heckmann, Berlin;
Keller & Knappich, Augsburg; Prof. Dr. v. Linde, München;
Prof. Dr. A. Mitscherlich, Freiburg i. Br.; Geheimrat Prof. Dr.
Ostwald, Leipzig; Prof. Dr. Öbbeke, München; Geheimrat Prof.
Dr. Pfeffer, Leipzig; Großh. Präzisionstechn. Anstalten Ilmenau;
Geheimrat Quincke; Kommerzienrat G. Sedlmayr, München;
Brauereibesitzer Schramm, München; Stadtmagistr. Schweinfurt;
Dr. Alb. Stange, München; Universität Jena; Kgl. Preuß. Unter-
richtsministerium; Kgl. B. Verkehrsverwaltung; Frz. Windhausen
und Geschwister, Berlin; Prof. Dr. E. Wiedemann, Erlangen.

Die Abteilung **Geologie, Berg- und Hüttenwesen, Metallbearbeitung, Mechanische Technologie, Reproduktionstechnik**
ist nicht minder interessant, als die soeben besprochene Gruppe.
Eingeleitet wird diese Abteilung mit einer internationalen geologischen Karte von Europa, sowie Darstellung zur Entwicklung
des geologischen Kartenwesens, Karten und Instrumente, sowie
geognostische Reliefs nach Heim und solche des Harzes nach
Dr. Heilmann. Ein älteres Reflexionsgoniometer und Stauro-
skop von Kobell, ein Friedrich'scher Bohrapparat, Pulver-
probiermaschine etc. fügen sich der Einleitung an. Von Modellen
heben wir hervor solche der Schnellschlagbohrung von Racky,

Photogr. Dr. Stange.

Gruppe: Berg- und Hüttenwesen. Modell eines Eisenpanzer-Hochofens.

der Kind'schen Tiefbohreinrichtung, des Kind-Chaudron-schen Bohrverfahrens, einer Schachtanlage mit Tübbings, sowie eine Reihe von Modellen über Schachtzimmerung, Förderung, Abbau usw., die wichtigsten Bau- und Betriebsweisen im Bergbau darstellend, sowie zwei Wetterfächer aus dem 18. und 19. Jahrhundert.

Interessant sind geschnittene Originale der wichtigsten Bohrmaschinen, Freifallinstrumente und sonstige Tiefbohrgeräte, elektrische Zündmaschine mit Kreisel- und Kurbelantrieb usw. Auch die Solenoid-Bohrmaschine von Werner Siemens 1879 sowie Kurbelstoßbohrmaschine vom Jahre 1891 und elektrische Erzscheidemaschine von Werner Siemens, die Stoßbohrmaschine für Druckluft (Differentialkolben) von Rud. Meyer, sowie die Hand- und Luftbohrmaschine verdienen hervorgehoben zu werden.

Aber auch andere Modelle, wie beispielsweise ein solches einer elektrischen Förderanlage, sowie das einer unterirdischen Dampfwasserhaltungsmaschine und das einer Gesamt-Kohlenaufbereitung dürften für Techniker sehr lehrreich sein.

Lehrmodelle aus dem wissenschaftlichen Nachlasse E. Mitscherlichs, darstellend den Stand der Hüttenkunde und der Metallbearbeitung zu Anfang des 19. Jahrhunderts, wie z. B. Öfen zur Eisen-, Kupfer- und Silbergewinnung, Hämmer u. dgl., das eines Schüttofens von Hasenclever & Helbig, sowie Muffelofen von Hasenclever, sowie das eines schlesischen Doppelzinkofens mit Regenerativfeuerung, eines belgischen Zinkofens nach Abbé Dany und das eines Pilzofens und eines Tarnowitzer Flammofens vervollständigen die Sammlung.

Das Modell der ersten deutschen Kupferelektrolysierwannen und die Entwicklung der Quecksilbergewinnungsöfen sowie das Modell eines alten Koksofens, Bienenkorbofens, eines modernen Koksofens mit Gewinnung der Nebenprodukte, alte Rennfeuerluppe mit Schlacke und Erz aus der Lausitz, Modell des Schönbronner Hochofens mit dem ersten Winderhitzer von Faber du Faur 1:10, großes Modell der Hochofenanlange der Hermannshütte, Modelle zur Entwicklung der Tiegelöfen, 3 Stufen nebst den zugehörigen Tiegeln, Modell eines modernen Puddelofens mit Gasfeuerung, Modell eines Eisenpanzer-Hochofens nach Burgers, Modell eines Düsenstockes aus den 50er Jahren, Geschnittenes Original einer Bessemerbirne mit Windzuleitung,

Gruppe: Metallbearbeitung.
Original einer gewöhnlichen Schmiede.
(Mitte des XIX. Jahrhunderts).

Futter etc., Modell der ersten deutschen Bessemeranlage und des
ersten Roheisenmischers 1 : 12, Modell der ersten S i e m e n s
Martinanlage 1 : 12, bewegliches Modell eines Schienenwalwerkes
aus den 60er Jahren, Modell eines Aufwerfstielhammers vom
Jahre 1856, Modell eines 1000 Zentner-Dampfhammers, dazu als
Gegenstück im gleichen Maßstab das Modell eines alten Schwanz-
hammers, Originalapparate und Modelle über das Mannesmann'sche
Walzverfahren, Durchziehformmaschine für Granaten, erste höl-
zerne und erste gußeiserne Formplatte, Modell eines Kupolofens
aus den 30er Jahren des vor. Jahrhunderts, kippbarer Tiegelofen
von B o s s e & S e l v e, Modell eines modernen Blockwalzwerkes
mit Führungs- und Wendevorrichtung System D a h l, Modell
eines Kriegar-Kupolofens, Demonstrationsapparat und Proben
über das Zentrifugalgießverfahren. All diese Gegenstände führen
uns in die Hüttenkunde und Metallbearbeitung ein.

Geradezu ein Idyll zwischen den oben erwähnten modernen
Modellen etc. ist das Original einer Schmiede aus dem Anfang
des 19. Jahrhunderts.

Als Gegensück haben wir ein Modell der Schmiede mit
dem Dampfhammer »Fritz«, betriebsfähig 1 : 12, sowie das
einer der größten Schmieden mit Schmiedepressen, betriebsfähig 1 : 12. Besonders interessant ist das Modell des Gußofens,
in dem die Kolossalstatue der B a v a r i a gegossen wurde, nebst
Abguß der Hand der B a v a r i a sowie Figur des P h y d i a s 1820
nebst Form und Kern als erster Versuch zur Wiedereinführung
des Wachsausschmelzverfahrens.

Ferner zu erwähnen sind die Apparate und Proben zum G o l d -
s c h m i d t'schen Thermitverfahren, sowie die Holzdrehbank nebst
Werkzeugen vom Jahre 1820, die Originaldrehbank von G. von
R e i c h e n b a c h und die Präzisionsleitspindel-Support-Drehbank
»Non plus ultra« mit Zubehör.

Zuletzt bietet uns die Abteilung noch eine Nachbildung der
ersten Karte 1775 und der ersten Watermaschine 1769 von Ark-
wright sowie ein betriebsfähiges Original eines modernen Selfak-
tors, ferner ein Modell einer Ringspinnmaschine sowie sonstige
Nachbildungen wichtiger Textilmaschinen.

Außerdem hat die Weberei und Spinnerei eine Nachbildung
des ersten Florteilers von G e ß n e r sowie eine alte Webstube
im Original, ferner erste Proben der von Prof. Wilh. v. Miller

und Prof. Dr. Harz wiederentdeckten cyprischen Goldfäden aufzuweisen.

Die Reproduktionstechnik enthält die ersten Versuche von
Papierphotographien von Prof. v. Kobell und Steinheil 1839,
eine Anzahl Objektive, die den Entwicklungsgang der photographischen Optik zeigen, bildliche Darstellungen hierzu über
die Vervollkommnung der optischen Wirkung, sowie Verant zur
Betrachtung von Photogrammen unter Wahrung der richtigen
Perspektive, eine Originalkamera von Daguerre.

Photogr. Dr. Stange.

Gruppe: Weberei und Spinnerei.
Original einer alten Webstube.

Die Buchdruckerkunst wird uns in einer Nachbildung der
ältesten bekannten Guttenbergpresse, einer modernen Original-
fachdruckhandpresse, Nachbildung der ersten Schnellpresse von
König, 1811, sowie Modell der Kreisbewegungsmaschine von
Bauer, betriebsfähig, und einem Modell einer modernen Rota-
tionspresse, betriebsfähig, versinnbildlicht. Außerdem sind noch
die Kastenbeinsche Setzmaschine, die Zeilensetz- und Gießmaschine »Typograph«, Zeilensetz- und Gießmaschine »Monoline«,
sowie die erste lithographische Presse von Senefelder, alle im

8*

Original und das Modell einer modernen lithographischen Schnellpresse, betriebsfähig, hervorzuheben.

Stifter dieser Gruppe sind: Geheimrat Prof. Dr. Beyschlag;
Internat. Bohrgesellschaft Erkelenz; Generaldirektor F. Burgers,
Gelsenkirchen; Breuer, Schuhmacher & Co., Köln; Hörder Berg-
werks- und Hüttenverein; Kommerzienrat Borsig, Berlin; Kgl.
Bayerische General-Bergwerks- und Salinen-Administration; Kgl.
Technische Hochschule Charlottenburg; Königliche Geologische
Landesanstalt, Berlin; Chemische Fabrik Rhenania; Kgl. Erz-
gießerei München; Friedrichshütte Tarnowitz; K. Geol. Landes-
anstalt u. Bergakademie, Berlin; Gewerksch. Deutscher Kaiser, Ham-
born; E. Geßner, Aue, Sa.; Dr. H. Goldschmidt, Essen; Kgl. Pr.
Handelsministerium Berlin; Hohenlohe-Werke A.-G.; Kommer-
zienrat Hallbauer, Lauchhammer; Kgl. Hüttenamt Wasseralfingen;
Kgl. Pr. Hüttenamt Gleiwitz; Kgl. Pr. Hüttenamt Rote Hütte
a. Harz; Kgl. Pr. Hüttenamt Uslar; P. Huth, Essen; Hof- und
Kabinettschlosser Höck, München; Haniel Lueg, Düsseldorf;
Krigar Ihssen, Hannover; König & Bauer, Würzburg; Köln-
Müsener Hüttenverein; Karl Krause, Leipzig; Fr. Krupp, A.-G.,
Essen; Kgl. Geol. Landesanstalt Berlin; Maschinenfabrik Rud.
Meyer, Mühlheim a. Ruhr; Maschinenfabrik Humboldt, Köln;
Maschinenfabrik Johannisberg; Elsässische Maschinenbaugesell-
schaft Mühlhausen; Ing. R. Mannesmann; Mather & Platt, Lon-
don; Maximilianshütte Rosenberg; Maschinenfabrik Augsburg-
Nürnberg; Landgerichtsdirektor Merkel, Nürnberg; Frau Regine
Edle v. Meyerfels, Meersburg, Bodensee; Frau Professor Helene
v. Miller; Prof. Dr. A. Mitscherlich, Freiburg i. Br.; Monoline
Maschinenfabrik, A.-G., Berlin; Vieille Montagne, Aachen; Nord-
deutsche Affinerie Hamburg; Oberbergamt Clausthal; Oberbayer.
Akt.-Ges. f. Kohlenbergbau; Dr. C. Otito & Co., Dahlhausen;
Prof. Dr. K. Oebbeke, München; Frau Prof. Helene Oebbeke,
München; Siemens & Halske, A.-G., Berlin; Siemens-Schuckert-
werke; Kgl. Bayer. Hof- und Staatsbibliothek, München; Ingen.
Spirek, Santa Fiora (Italien); Verein Süddeutscher Baumwoll-
industrieller; Geh. Kommerzienrat Selve; Kgl. Technische Hoch-
schule München; B. C. Teubner, Leipzig; Typograph, G. m. b. H.,
Berlin; Kgl. Höhere Webschule, Münchberg; Weise-Monsky,
Halle; J. S. Weissers Söhne, Werkzeugfabrik St. Georgen, Bad.
Schwarzwald; Carl Zeiß, Optische Werkstätte, Jena.

Die Abteilung: **Militärwesen** enthält eine Reihe von beschossenen Panzerplatten nebst den hierbei angewandten Geschossen als Beiträge zur Entwicklung der Panzerplatten, sowie eine Sammlung der jetzt verwendeten Munition, ein Modell der ersten Fabrik zur Herstellung von Nitroglyzerin, einen elektrischen Minen-Zünder von Siemens & Halske sowie ein Modell einer Kugelpresse von Hauptmann Speck und eine Reihe von Modellen zur Entwicklung der Feuerwaffen, darunter selbstladende Bergmannpistole, Modelle von Mannlicher, Mauser usw.

Stifter dieser Gruppe sind: Böhm & Wiedemann, München; Dynamit-Aktien-Ges. vorm. Alfr. Nobel & Co., Hamburg; Kaiserliches Patentamt; Fr. Krupp A.-G., Essen; Universität Würzburg.

In der Abteilung **Landwirtschaft** befinden sich: ein rumänischer Holzpflug, verschiedene Modelle des deutschen Karrenpfluges aus dem Jahre 1860, des deutschen Vierscharpfluges, des Zweischarpfluges mit Momentanstellung, sowie der ersten Federzahnkultivatoren, das einer selbstablegenden Getreidemähmaschine, je ein solches der modernen Säemaschine und modernen Dreschmaschine; ferner eine Original-Milchzentrifuge von Prandtl, eine der ersten Alfazentrifugen, dänische Milchzentrifuge und eine Reihe von Modellen zur Entwicklung der landwirtschaftlichen Maschinen, insbesondere Säe- und Erntemaschinen.

Stifter dieser Abteilung sind: Kgl. Bayer. Akademie Weihenstephan; Freiherr v. Bechtolsheim; Burmeister & Wain, Berlin; Gebr. Hanko, Dresden; Heinr. Lanz, Mannheim; Obergespann und Comes Thalmann, Hermannstadt; Kaiserliches Patentamt Berlin; Rud. Sack, Leipzig; A. Schwartz, Berlinchen.

Nachdem wir nun die Gruppen mit ihren Abteilungen einzeln durchgenommen haben, erübrigt es uns, noch den Ehrensaal, der die Bilder und Büsten der großen Forscher aufzunehmen hat, dem Leser vor Augen zu führen.

Beim Eingang sind zwei Hermensäulen aufgestellt, wovon die eine, die Marmorbüste von Robert Mayr trägt (ausgeführt von Professor v. Ruemann), während sich auf der anderen Säule die Büste von Hermann v. Helmholtz (von Professor

E. Kurz) erhebt. Professor v. Hildebrand hat die Marmorreliefs von Werner v. Siemens und Alfred Krupp, die ebenfalls in diesem Saale angebracht sind, angefertigt.

Außerdem sind an den Wänden des Repräsentationssales
vier sehr schöne Ölgemälde. und zwar die von Sr. Kgl. Hoheit
Prinzregent Luitpold gestifteten und von Kunstmaler Wimmer
ausgeführten Bildnisse Fraunhofers und Gauß', sowie die
von Prof. Cl. Meyer für das Museum angefertigten: von Leibniz und Otto v. Guericke. Die Inschriften, durch welche die
Lebensarbeit dieser großen Männer in kurzer, allgemein verständlicher Form dem Besucher vor das Auge geführt wird,
haben wir schon auf S. 47—49 wiedergegeben.

Außer hervorragenden Zeichnungen von Symbolen der Tech-
nik und Naturwissenschaft enthält das Treppenhaus als besondere
Zierde ein Relief Sr. Kgl. Hoheit des Prinzen Ludwig von
Bayern, des hohen Protektors des Deutschen Museums.

Das Deutsche Museum von Meisterwerken der Naturwissenschaften und Technik zählt als Korporation heute über 1400 Mitglieder, die teils der Wissenschaft, Technik, dem Handel und
der Industrie angehören.

Das alles aber, worüber wir berichteten, gibt Zeugnis dafür,
welch Hervorragendes Dr. Oskar v. Miller in der kurzen Zeit,
vermöge seiner eisernen Willenskraft und nie rastender, hin-
gebungsvollster Tätigkeit zustande gebracht hat. So möge denn
die Grundsteinlegung des neuen hehren Baues, der späteren
Heimstätte dieser einzig dastehenden Sammlung, mit dem er-
hofften Segen begleitet sein, auf daß ein Monument erstehe,
welches den Forschungen der Naturwissenschaft und Technik
zur Ehre und anderen Völkern als nachahmenswertes Vorbild
dienen möge; alsdann wird das Museum auch den Zweck erfüllen: »Indocti discant et ament meminisse periti!«

Geschichtliche Entwicklung der Naturwissenschaften.

425 v. Chr. Demokrit stellt den Satz auf: die Verschiedenheit aller Dinge rührt her von der Verschiedenheit ihrer Atome an Zahl, Größe, Gestalt und Ordnung.

343—331 v. Chr. Entwicklung des Elementbegriffes von Aristoteles.

287 v. Chr. Archimedes entwickelt die Prinzipien der Mechanik.

62 v. Chr. bis **2 n.** Chr. Die Begründung der Mechanik der Gase und Dämpfe von Hero von Alexandrien.

55 v. Chr. Lukrez stellt den Satz auf: Die Atome sind äußerst mannigfaltig der Form nach.

Älteste Zeit: bekannte Elemente: Schwefel, Quecksilber, Eisen, Kupfer, Zinn, Silber, Gold und Blei.

23—79 n. Chr. Die naturwissenschaftlichen Kenntnisse des Altertums von Plinius gesammelt.

1300 Arsen und Kobalt, entdeckte Metalle.

1500 Antimon, Spießglanz, Wismut und Wismutglanz, entdeckte Metalle.

1510 (?) Die Aufstellung des heliozentrischen Weltsystems.
Nikolaus Kopernikus, Über die Kreisbewegungen der Weltkörper.

1600 Gilbert erforscht die Natur des Magneten.
Über die Pole, die Teilung und die Anziehung des Magneten.

1607 Johannes Kepplers ausführl. Bericht über den im September und Oktober 1607 erschienenen Kometen und seine Bedeutung.

1620 Bacon als Verkünder der induktiven Forschungsweise.
Über die Erklärung der Natur und die Herrschaft des Menschen.

1632 Die Ausbreitung der Kopernikanischen Lehre durch Galilei.
Galileo Galilei, Dialog über die beiden hauptsächlichsten Weltsysteme.

— Die Entdeckung der Jupitermonde und der Saturnringe.
Zwei Briefe Galileis an den ersten Staatssekretär des Großherzogs von Toskana. Galilei als Begründer der Dynamik. Vom Fall der Körper.

1648 Pascal entdeckt die Abhängigkeit des Barometerstandes von der Höhe des Ortes. Bericht über die von Périer am Fuße und auf dem Gipfel des Puy de Dôme angestellten Barometerbeobachtungen.

1654 Die Erfindung der Luftpumpe.
Otto v. Guerickes neue ›Magdeburgische‹ Versuche über den leeren Raum.

1661 Boyle macht Untersuchungen über Methylalkohol.

— Boyle verwirft den Begriff der Elemente als den Träger einer Eigenschaft und ersetzt ihn durch den Begriff eines unzersetzlichen Stoffes. (»Sceptical chymist«).

1666 Newton beobachtet das sichtbare Spektrum im Prisma.

1670 S. Fischer und John Ray arbeiten über die Ameisensäure.

— Newton erforscht die Natur des Sonnenlichtes.

1675 Lemery erforscht die Bernsteinsäure.

1678 Das Licht wird von Huygens für eine Wellenbewegung des Äthers erklärt.

1679 Die Entdeckung des Mariotte'schen Gesetzes.

1682 Newton entdeckt das Gravitationsgesetz.

1697 Stahl führt das phlogistische System ein.

1700 Stahl entdeckt die Essigsäure.

1718 Gewinnung des Zink und Galmei von Stahl.

— Geoffroy's Tabelle der Verwandtschaftsreihen.

1727 J. H. Schulze entdeckt die Lichtempfindlichkeit d. Silberverbindungen.

1735 G. Brandt, Entdeckung des Kobalt und Kobaltkieses.

1742 Celsius führt die hundertteilige Thermometerskala ein.

1747 Markgraf arbeitet über Rohrzucker.

1751 Cronstedt, Entdeckung des Nickel und Kupfernikel.

1753 Franklin erfindet den Blitzableiter.

1754 Das künstliche Pflanzen-System Linnés.

1758 Aepinus entdeckt die elektrische Influenz und die Pyroelektrizität.

1760 Die Wellentheorie findet in Euler einen hervorragenden Verfechter.

1706 Cavendish bestimmt das Volumgewicht des Wasserstoffes.

1770 Brand gewinnt den Phosphor aus dem Harn.

1771 Scheele erkennt die Zusammensetzung der Luft.

1773 Scheele entdeckt den Sauerstoff.

1774 Gahn entdeckt den Braunstein und Mangan.

— Priestley entwickelt den Sauerstoff.

— Lavoisier erklärt die Verbrennungserscheinungen.

— Scheele gewinnt Chlor aus Braunstein und Salzsäure.

1775 Bergmann führt die indirekte Gewichtsbestimmung ein.

1776 Scheele entdeckt die Oxalsäure.

1777 Scheeles Versuche über die Zusammensetzung der Luft.

— Scheele läßt das Spektrum auf Chlorsilber fallen.

1778 Volta entdeckt das Methan.

— Scheele entdeckt das Molybdan.

1780 Scheele entdeckt die Gärungsmilchsäure.

— Die Erfindung des Eiskalorimeters und die Bestimmung von spezifischen Wärmen und Verbrennungswärmen mittels desselben von Lavoisier und Laplace.

1781 Scheele entdeckt das Wolfram.

1782 Scheele entdeckt die Blausäure.

1783 Lavoisier erkennt die Zusammensetzung des Wassers.

— T. Bergmanns Tabelle (Affinitätstafeln) von 59 Stoffen.

— 113 —

1785 Scheele untersucht die Benzoësäure.
1786 Scheele entdeckt das Pyrogallol.
— Guyton de Morveau's Verwandtschaftsgesetze.
1787/95 Klaproth entdeckt das Titan, Zirkonium.
1789 Lavoisier gibt eine Elementartabelle mit Imponderabilien.
— Vauquelin entdeckt das Chrom.
1791 J. B. Richters Tabelle der Äquivalentgewichte der Säuren und Basen.
— Die Entdeckung der galvanischen Elektrizität.
1794 Die Meteore werden von Chladni als kosmische Massen erkannt.
1796 Laplace entwickelt Ansichten über den Ursprung des Weltgebäudes.
1798 Vauquelin entdeckt das Beryllium.
— Klaproth entdeckt das Tellur.
1800 (?) Herschel begründet die Astronomie der Fixsterne.
1801 J. J. Richter beobachtet das ultraviolette Spektrum
1802 Eckeberg entdeckt das Tantal.
1803 Berzelius entdeckt das Cer.
1804 Dalton sagt: Die Atome der verschiedenen einfachen Körper sind verschieden schwer, wahrscheinlich auch verschieden groß.
— Tennaut entdeckt das Iridium.
— Smithson entdeckt das Osmium.
— Wollaston entdeckt das Palladium und Rhodium.
1807 Davy entdeckt das Natrium und Kalium.
— Saussure arbeitet über Äthyläther.
1807/08 Davy entdeckt das Kalium und Natrium, Kalzium, Strontium, Magnesium.
1808 Gay Lussac entdeckt das Bor und die Borsäure.
— Daltons Aufstellung der atomistischen Hypothese.
— Gay Lussac entdeckt das Volumgesetz.
— Daltons Gesetz der multiplen Proportionen.
1809 Gay Lussacs Tabelle der rationellen Verbindungsvolume.
1810 Proust beweist den Satz der Konstanten und multiplen Proportionen.
1811 Avogadro unterscheidet zwischen Atomen und Moleküle.
— Berzelius bestimmt die Gewichtsverhältnisse, nach denen chemische Verbindungen vor sich gehen, und bestätigt Dalton's Gesetz von den multiplen Proportionen.
— Courtois entdeckt das Jod.
— Courtois gewinnt das Jod aus der Asche von Seepflanzen.
— Kirchhoff gewinnt den Zucker aus Stärke.
1814 Gay Lussac's Untersuchungen über das Jod.
1815 Gay Lussac entdeckt das Cyan.
— Volta: Über die Elektrizität, welche durch die bloße Berührung verschiedenartiger leitender Stoffe hervorgerufen sind.
1817 Arredson entdeckt das Lithion.
— Berzelius entdeckt das Selen im Bleikammerschlamm.
1818 Dulong und Petit: Tabelle der Wärmekapazität der Elemente.
— Berzelius bestimmt die Verbindungsgewichte der Elemente.
1820 Oerstedt entdeckt den Elektromagnetismus.

1820 Garden arbeitet über Naphtalin.

1823 Berzelius entdeckt das Silicium.

— Liebig macht seine Forschungen über Knallquecksilber.

1824 Carnot entwickelt eine Theorie der Dampfmaschine.

1825 Faraday arbeitet über Benzol.

1826 Balars gewinnt das Brom aus der Mutterlauge von Seesalz.

— Unverdorben, Runge (1834), Fritsche (1842), Zinin (1843) und
— A. W. v. Hofmann arbeiten über Anilin.

1827 Fr. Wöhler entdeckt das Aluminium.

1828 Berzelius entdeckt das Thor.

— Berzelius' Tabelle der Elemente nach ihrer Verwandtschaft geordnet.

1830 Dumas bestimmt das Gewicht des Stickstoffes.

— Sefström entdeckt das Vanadin.

— Lyell begründet die neuere Richtung der Geologie.

1831 Liebig und Soubeirau arbeiten über Chloroform und ersterer über
— Chloral.

1832 Berzelius begründet den Begriff ›Isomerie‹.

— Faraday entdeckt die galvanische und magnetische Induktion.

— Winckler erforscht die Fumarsäure.

— Döbereiner entdeckt das Furol.

1833 Dumas entdeckt den Chlorkohlensäureester.

1834 Laurent erforscht das Anthrachinon.

— Runge entdeckt das Chinolin; Graebe und Caro das Acridin.

— Runge entdeckt das Pyrol.

— Mitscherlich macht Untersuchungen über Nitrobenzol, Azobenzol.

— Runge untersucht das Phenol.

1835 Talbot erfindet die Photographie.

— Biots Massenwirkung bei der Polarisationsdrehung von Bor-, Weinsäure
und Wassermischungen.

1836 Davy macht Untersuchungen über Azetylen.

1837 Liebig und Dumas erklären die organische Chemie als die ›Chemie
von den zusammengesetzten Grundstoffen (Radikalen)‹.

1838 Woskresensky entdeckt das Chinon.

— Bessel bestimmt zuerst die Entfernung eines Fixsternes.

1839 Becquerell konstruiert das galvanische Photometer.

1840 Liebig beantwortet die Frage nach der Ernährung der Pflanzen.

— Die Entdeckung des Ozons durch Schönbein.

1844 Wöhler entdeckt das Hydrochinon.

— H. Rose entdeckt das Element Niob.

1845 Alex. v. Humboldt vereinigt die Summe des Naturwissens seiner Zeit
zu einem Gesamtbilde.

— Claus entdeckt das Ruthenium.

1847 Liebig entdeckt die Fleischmilchsäure.

1850 A. Schrötter erkennt den roten Phosphor als eine Modifikation des
Elementes Phosphor.

1851 Williamson konstatiert bewegliches Gleichgewicht bei der Ätherbildung.

— Andersohn entdeckt das Pyridin.

1852 Frankland führt den Begriff der Wertigkeit ein.

1856 Gerhardt klassifiziert die organischen Verbindungen nach wenigen Typen.

1857 Pfandler konstruiert das bewegliche Gleichgewicht bei der Dissoziation.

— Henry de St. Claire Deville beginnt seine Untersuchungen über Dissoziation.

1858 Kekulé lehrt die Verkettung der Kohlenstoffatome.

1859 Kolbe erforscht die Salizylsäure.

1860 Bunsen gewinnt das Rubidium und Caesium.

— Pasteur weist nach, daß auch die niedrigsten Organismen aus Keimen und nicht durch Urzeugung entstehen.

1860/61 Kirchhoff und Bunsen schaffen die Spektralanalyse.

1861 Crookes entdeckt das Tallium.

— Butlerow bezeichnet die gegenseitige Bindung der Atome im Molekul als Struktur.

1863 Reich und Richter machen die Entdeckung des Indium.

1867 Tabelle der Atomgewichte von Stas.

— Lothar Meyer gibt die Kurventafel der Eigenschaften der Elemente als Funktion ihrer Atomgewichte bekannt.

— M. Traube: Niederschlagsmembranen.

1869 J. Thomsen Teilungsverhältnisse von Säuren und Basen.

— Schäffers Untersuchungen über Naphtol.

1871 Graebe entdeckt das Alizarin.

— Baeyers Arbeiten über Eosin.

1874 W. Gibbs entwickelt die vollständige Theorie des chem. Gleichgewichts auf thermodynam. Grundlage.

1875 Lecoq de Boisbaudran entdeckt das Gallium.

1876 Liebermann bearbeitet das Naphtylamin.

— Ostwalds Teilungsverhältnisse von Säuren und Basen.

1877 Pfeffer: Osmotische Zelle.

1878 E. und O. Fischers Arbeiten über Fuchsin.

1879 P. und S. Curie entdecken das Radiumbromid.

1881—1888 Baeyers Untersuchungen über Hydrophtalsäure, Indol, Indigo.

1882 v. Helmholtz stellt den Begriff der freien Energie auf.

1883 V. Meyer entdeckt das Tiophen.

— Ostwald bestimmt die spez. Affinitätskoëffizienten von Säuren m. Basen.

1884 Arrhenius erkennt die elektr. Leitfähigkeit der Säuren als Maß ihrer chem. Affinita.

1885 Ostwald gibt eine systematische Bearbeitung der Verwandtschaftslehre.

— H. van t'Hoff: Molekulargewichte.

1886 Moissan entdeckt das Fluor.

— Winkler entdeckt das Germanium.

1887 Knorr entdeckt das Antipyrin.

— Arrhenius stellt den Begriff der freien Zonen auf.

1888 Ostwald definiert den Begriff der Katalyse.

— Ladenburg entdeckt das Coniin.

1888 Blagden erkennt die Proportionalität zwischen Gefrierpunkt und Kompensation.

1889 H. Herz erkennt die Elektrizität als eine Wellenbewegung.

1891 E. Fischer stellt die synthetische Ektose und Glukose auf.

1893 Tiemann entdeckt das Jonon.

1894 Raylaigh und Ramsay entdecken das Argon.

1895 Ramsay entdeckt das Helium.

1896 H. Becquerell entdeckt die Strahlung der Uransalze.

1898 Schmidt entdeckt die Strahlung der Torsalze.

— Ramsay und Crevers entdecken das Heron, Krypton und Neon.

1899 P. und S. Curie entdecken das Radium.

1900 Dorn entdeckt die Emanation des Radiums.

— Rutherford entdeckt die Emanation des Thors.

1903 Ramsay und Soddy entdecken die Verwandlung von Helium in Radium.

— Emil Fischer arbeitet über Pohypeptide.

Referenten:

Name	Gruppe
Dyck, Dr. W. v., Rektor Magnif. d. Techn. Hochschule München	Mathematik
Voit, Dr. E., Professor a. d. Technischen Hochschule München	Gas- u. Wassermesser, magn. u. elektr. Meßappar., Photometer
Gerland, Dr., Professor an d. Bergakadem. Clausthal	Maße und Gewichte, Thermometer
Goepel, Dr., Prof., Vorst. d. Württ. Fachschule f. Feinmech., Schwenningen a. N. **Junghans,** A., Geh. Kommerz.-Rat, Schramberg	Uhren
Schmidt, Dr. Max, Professor an d. Techn. Hochschule München	Geodäsie und Kartographie
Vogel, Dr. H. C., Geh. Oberregierungsrat, Prof., Direktor des Kgl. astro-physikal. Observatoriums, Potsdam	Astronomie
Röntgen, Dr. W. C., Kgl. Geheimr., Prof. an der Universität München	Wärme, einschl. mech. Wärmetheorie
Wien, Dr. W., Prof. a. d. Univ. Würzburg	Mech. Grundgesetze
Prandtl, Dr., Prof. a. d. Univ. Göttingen	Technische Mechanik
Wiedemann, Dr. Eilhard, Prof. a. d. Universität Erlangen	Physikalische Optik

Name	Gruppe
Czapski, Dr. S., Bevollm. der C. Zeißstiftung, Jena	Technische Optik
Ebert, Dr. H., Prof. a. d. Techn. Hochschule München	Physikalische Akustik
Fleischer, Dr. O., Prof. a. d. Univ. Berlin	Technische Akustik
Graetz, Dr. L., Prof. a. d. Univ. München	Magnetismus u. Elektrizitätslehre
Bieringer, Emil, Kgl. Oberpostrat, München, Landwehrstr. 32	Telegraphie und Telephonie
Scholl, Dr. H., Fabrikbesitzer, München, Prinz Ludwigshöhe	Funkentelegraphen
Förderreuther, Friedr., Kgl. Regier.-Rat, München, Theresienhöhe 1 B	Signalwesen
Ossanna, G., Prof. a. d. Technisch. Hochschule München	Elektrotechnik
Ostwald, Dr. W., Geh. Hofrat, Professor, Leipzig, Linnéstraße 2	Chemie
Nernst, Dr. W., Prof. a. d. Univ. Göttingen	Elektrochemie
Wedding, Dr. W., Prof. a. d. Technischen Hochschule Charlottenburg	Beleuchtungswesen
Rietschel, H., Geh. Regierungsrat, Prof. a. d. Techn. Hochschule Berlin - Grunewald, Bettinastraße 3	Heizung und Lüftung
Ganzenmüller, Theodor, Kgl. Professor, Weihenstephan	Kälteindustrie
Stübben, Dr.-Ing., Geh. Oberbaurat, Berlin-Grunewald	Städtebau
Emmerich, Dr. R., Prof. a. d. Universität München	Hygiene
Gary, M., Prof., Abteilungsvorstand d. Kgl. mechan. techn. Versuchsanstalt, Groß-Lichterfelde-West, Potsdamer Chaussee	Baumaterialien
Loewe, Ferd., Prof. a. d. Techn. Hochschule München	Straßen- u. Eisenbahnbau

Name	Gruppe
Dietz, W., Prof. a. d. Techn. Hochschule München	Brückenbau
Kreuter, Franz, Prof. a. d. Techn. Hochschule München	Tunnelbau, Fluß- und Wehrbau
Reverdy, R., Kgl. Baurat, München, Weinstraße 8	Kanal- und Hafenbau
Weiss, Ed., Kgl. Reg.-Direktor, München, Adamstraße 2	Landtransportmittel
Veith, R., Geh. Marinebaurat u. Maschinenbaudirektor, Kiel	Schiffbau
Finsterwalder, Dr. S., Prof. a. d. Techn. Hochschule München	
Neureuther, C., Kgl. Generalmajor z. D., München, Gabelsbergerstr. 17/I . . .	Luftschiffahrt
Brug, K. v., Kgl. Generalmajor. München	
Windisch, Friedr., Ritter v., Exzell., Kgl. Generalleutnant, Chef d. Ingen.-Korps, München, Nymphenburgerstr. 44 . .	Militärwesen
Oebbecke, Dr. C., Prof., Vorst. d. mineral. geol. Labor. d. Techn. Hochsch. München	Mineralogie u. Geolog.
Schmeisser, Geh. Bergrat, I. Dir. d. Kgl. Bergakademie, Berlin	Berg- u. Salinenwesen
Heyn, E., Prof. a. d. Techn. Hochschule Charlottenburg	Metallhüttenwesen
Wedding, Dr. H., Geh. Bergrat, Prof. an der Kgl. Bergakademie Berlin . . .	Eisenhüttenwesen
Hartmann, W., Prof. a. d. Techn. Hochschule Charlottenburg	Kinematik u. Maschinenelemente
Kammerer, O., Prof. a. d. Techn. Hochschule Charlottenburg	Hebezeuge und Hebewerke
Riedler, Dr.-Ing., Geh. Regierungsrat, Prof. a. d. Techn. Hochschule Charlottenburg	Pumpen und Druckluftanlagen

Name	Gruppe
Schmeer, F., Professor a. d. Kgl. Industrieschule München	Muskelkraft- u. Windmotoren
Pfarr, A., Geh. Baurat, Prof. a. d. Techn. Hochschule Darmstadt	Wasserkraftmotoren
Lynen, W., Prof. a. d. Techn. Hochschule München	Dampfmaschinen und Dampfkessel
Schoettler, R., Prof. a. d. Techn. Hochschule Braunschweig	Feuerluft- u. Heißluftmotoren, Explos.-Motoren u. Petrol.-Motoren
Hoyer, E. v., Geh. Rat, Prof. a. d. Techn. Hochschule München	Mechan. Technologie
Bunte, Dr. H., Geh. Hofrat, Prof. an der Techn. Hochschule Karlsruhe . . .	Chem. Technologie
Lintner, Dr. C. J., Prof. a. d. Technischen Hochschule München	Zuckerfabrikation und Gärungsgewerbe
Soxhlet, Dr. Franz v., Prof. a. d. Techn. Hochschule München	Molkereiwesen
Kraus, Dr. Karl, Prof. a. d. Techn. Hochschule München	Landwirtschaft
Oldenbourg, R., Ritter v., Kommerzienrat, Generalkonsul, München, Glückstr. 8 .	Reproduktionstechnik u. Papierfabrikation
Kaiserliches Patentamt, Berlin	Schreibmaschinen
Schmidt, Hans, Direktor, Laukwitz, Berlin	Photographie
Berger, E., Kunstmaler, München . . .	Maltechnik

Mitarbeiter:

Bach, Dr.-Ing. C. v., Kgl. Baudirektor, Stuttgart, Johannesstr. 53.

Baeyer, Dr. A. v., Kgl. Geheimrat, Akademiker, Univers.-Prof., München, Arcisstr. 1.

Baum, Professor an der Kgl. Bergakademie Berlin.

Beck, Theodor, Ingenieur, Prof. a. d. Techn. Hochsch. Darmstadt.

Boettcher, A. Prof., Dir. d. Großherzogl. präzisionstechn. Anstalt Ilmenau.

Boettinger, Dr. H. Th., Geheimrat, Direktor der Farbenfabrik vorm. Bayer & Co. Elberfeld.

Borries, v., † Geh. Regierungsrat, Prof. a. d. Technischen Hochschule Charlottenburg.

Buschmann, Oberbaurat an der Kgl. Generaldirektion d. Sächs. Staats-Eisenbahn Dresden.

Brügmann, W., Kommerzienrat, Dortmund.

Dedreux, Gaston, Zivilingenieur, Patentanwalt, München, Brunnstraße 8/9.

Diesel, Rudolf, Ingenieur, München, Maria Theresiastr. 32.

Diez, August, Inhaber der Fa. Ertel & Sohn, München, Luisenstraße 27.

Ebermayer, C. Ritter v., Exzellenz, Staatsrat, Generaldirektor d. Kgl. Bayer. Staatseisenbahnen, München.

Edelmann, Dr. M. Th., Prof., München, Nymphenburgerstr. 82.

Ehrensberger, E., Mitglied des Direktoriums der Fa. Fr. Krupp A.-G., Essen a. Ruhr.

Engels, Geheimrat, Professor a. d. Techn. Hochschule, Dresden.

Ernst, Adolf, Dr.-Ing., Oberbaurat, Prof. an der Technischen Hochschule Stuttgart.

Exner, Dr. W., K. K. Sektionschef, Direktor des K. K. Technologischen Gewerbe-Museums Wien.

Fischer, H., Geh. Regierungs-Rat, Professor an der Technischen Hochschule Hannover.

Fischer, H., Oberdirektor der Kgl. Erzbergwerke, Freiberg i. S.

Fomm, Dr. L., Kgl. Reallehrer, München, Kaulbachstr. 10/III.

Franke, Gg., Professor an der Kgl. Bergakademie Berlin.

Frese, Professor an der Technischen Hochschule Hannover.

Friese, Robert M., Direkt. der Siemens-Schuckert-Werke, Berlin SW.

Gillhausen, G., Mitglied des Direktoriums der Firma Fr. Krupp, A.-G., Essen.

Gölsdorf, Karl, K. K. Oberbaurat, Wien, Gauermanngasse 4.

Görz, H., Direktor der Russischen Elektrotechn.-Werke Siemens & Halske, A.-G., St. Petersburg.

Goldschmidt, Dr. Hans, Fabrikbesitzer, Essen.

Grotrian, Dr. Otto, Professor an der Technischen Hochschule Aachen.

Hartmann, K., Geh. Regierungsrat, Professor, Senatsvorsitzender, Charlottenburg.

Hauck, A., Kgl. Oberregierungsrat im Kgl. Verkehrsministerium München.

Hauss, Wirklicher Geheimer Oberregierungsrat, Präsident des Kaiserlichen Patentamtes Berlin.

Hellmann, Dr. G., Professor, Geheimer Regierungsrat, Berlin W., Margaretenstraße.

Helmert, Dr.-Ing. Prof., Geheimer Regierungsrat, Potsdam.

Hess, C., Professor an der Universität Würzburg.

Hittorf, Dr., Geheimer Regierungsrat, Professor an der Universität Münster i. W.

van 't Hoff, Dr. J. H., Akademiker, ord. Hon.-Professor an der Universität Berlin.

Holnstein, Otto Graf von, Exzellenz, Kgl. Kämmerer, Hofmarschall a. D., München.

Holzmüller, Dr. G., Professor, Direktor a. D., Hagen i. W.

Hoppe, Dr. Edmund, Gymnasialprofessor, Hamburg.

Huber-Werdmüller, P. Z., Maschineningenieur, Oberst, Zürich.

Johannsen, O., Professor, Reutlingen.

Keferstein, Karl, Kgl. Kommerzienrat, Berlin N. W., Brücken-allee 8.

Keller, Dr. K., Geh. Hofrat, Professor an der Technischen Hochschule, Karlsruhe.

Kerp, Dr., Regierungsrat am Kaiserl. Gesundheitsamt Berlin.

Kittler, Dr. E., Geheimer Hofrat, Professor an der Technischen Hochschule Darmstadt.

Klemme, Kgl. Bergassessor a. D., Direktor der Vereinigungs-gesellschaft für Steinkohlenbau im Wurmrevier, Kohlscheid.

Klien, Geh. Baurat an der Kgl. Generaldirektion der Sächs. Staats-Eisenbahn, Dresden.

Koegel, J., Direktor der Etablissements J. A. Maffei in München.

Koepcke, Dr.-Ing. C., Geheimer Rat, Dresden, Strehlenerstr. 25.

Kramer, Th. von, Kgl. Oberbaurat, Direktor des Bayerischen Gewerbe-Museums, Nürnberg.

Krantz, G. A., Geh. Baurat, Dresden N., Alaunstraße 11.

Krause, Max, Kgl. Baurat, Direktor von A. Borsig, Berg- und Hüttenverwaltung, Berlin.

Krüger, H. M., Oberbaurat, Dresden N.

Krüss, Dr. H., Vorstand der deutschen Gesellschaft für Mechanik und Optik, Hamburg.

Lechner, Th., Direktor der Lokalbahn-A.-G., München.

Lindley, William H., Frankfurt a. Main.

Lorenz, Dr. H., Professor der Technischen Hochschule Danzig-Langfuhr.

Lürmann, Fritz W. Dr.-Ing. h. c., Berlin, unter den Linden 16.

Mann, Dr. F., Hofrat, Rektor a. D, Würzburg.

Marggraf, K, Oberbauinspektor, München, Bayerstr. 16a/II.

Matschoss, Konrad, Dipl. Ingenieur, Cöln, Ohmstraße 2.

Mayr, Ingenieur, Assistent a. d. Techn. Hochschule München.

Meyer, Dr. Eugen, Professor a. d. Technischen Hochschule Charlottenburg.

Neumayer, Dr. G. v., Wirkl. Geh.-Rat, Exz., Neustadt a. d. H.

Neureuther, C., Kgl. Generalmajor z. D., München, Gabelsberger-straße 17.

Nimax, Generaldirektor, Ransbach, Westerwald.

Oechelhäuser, Dr.-Ing. W. von, Generaldirektor, Dessau.

Oehme, Baurat an der Kgl. Generaldirektion der Sächs. Staats-Eisenbahn, Dresden.

Palitzsch, Finanz- und Baurat an der Kgl. Generaldirektion der Sächs. Staats-Eisenbahn, Dresden.

Pauksch, O., Fabrikdirektor, Landsberg a. W.

Peters, Dr.-Ing., Kgl. Baurat, Direktor des Vereins deutscher Ingenieure, Berlin, Charlottenstr. 43.

Plato, Dr., Kgl. Regierungsrat, Berlin N., Schönhauserallee 149.

Pringsheim, Dr. E., Professor, Berlin NW., Flensburgerstr. 14.

Proessel, Direktor des Sächsischen Dampfkessel-Rev.-Vereins Chemnitz.

Quincke, Dr. Gg., Geheimrat, Professor an der Universität Heidelberg.

Reuleaux, Dr.-Ing. F., ✝ Professor, Geh. Regierungsrat, Berlin W., Ahornstraße 2.

Rheinhardt, K., Ingenieur, Direktor bei Schüchtermann & Kremer, Dortmund.

Riefler, Dr. S., Ingenieur, München, Lenbachplatz 1.

Rieppel, Dr.-Ing. A., Kgl. Baurat, Direktor der Vereinigten Maschinenfabrik Augsburg und Masch.-Bauges. Nürnberg, A.-G., Nürnberg.

Ries, Kgl. Major, Direktor der Kgl. Artilleriewerkstätten, München, Türkenstraße 99.

Ringer, L. von, Generaldirektor der Kgl. Bayer. Posten und Telegraphen, München.

Rothamel, Hch., Kgl. Major. München, Briennerstraße 33.

Rötger, Landrat a. D., Vorsitzender des Direktoriums der Firma Fr. Krupp, A.-G., Essen.

Rudloff, Geheimer Marinebaurat und Schiffbaudirektor Berlin W. 24, Marburgerstraße 16.

Schacky auf Schönfeld, Eugen, Freih. von, Kgl. Ministerialrat, München, Augustenstraße 3/3.

Schaefer, Geheimer Regierungsrat im Kaiserlichen Patentamt Berlin.

Schmidt, H., Direktor der Versuchsanstalt für Farbenphotographie, München, Karlsplatz 3.

Scholler, Ernst, Kgl. Generaldirektionsrat, München, Briennerstraße 29.

Schönleber, Th., Geheimer Baurat, Dresden, Antonstraße 16.

Schrey, Kgl. Regierungsrat a. D., Vorstand der Waggonfabrik Danzig-Langfuhr.

Schröter, Moritz, Professor an der Technischen Hochschule in München.

Siemens, Alexander, London S.W., 12, Queen Annes Gate Westminster.

Söhren, Hermann, Direktor der Gas- und Wasserwerke Bonn.

Sörgel, H. Ritter von, Kgl. Oberbaudirektor, München.
Springer, Ferd., Verlagsbuchhändler, Berlin N. 24, Monbijouplatz 3.
Stange, Dr. Albert, München, Romanstraße 95.
Stich, Andreas, Zivilingenieur und Patentanwalt, Nürnberg.
Sulzer-Steiner, Heinrich, ✝ Seniorchef der Firma Gebr. Sulzer, Winterthur (Schweiz).
Tonne, Kgl. Kommerzienrat, Magdeburg.
Treptow, E., Oberbergrat, Professor an der Kgl. Bergakademie Freiberg (Sachsen).
Ugé, W., Fabrikdirektor, Kaiserslautern.
Ulbricht, Prof. Dr. A., Geh. Baurat, Dresden, Hettnerstraße 3.
Uppenborn, Fr., Stadtbaurat, München, Zweibrückenstraße 33a.
Völker, Karl, Kgl. Oberregierungsrat und Abteilungsvorstand, München, Dachauerstraße 91/V.
Voith, Fr., Kgl. Kommerzienrat, Heidenheim a. d. Brenz.
Voller, Professor Dr. A., Direktor des phys. Staatslaboratoriums, Hamburg.
Wahle, Dr. Gg., Geh. Finanzrat, Dresden A., Bernhardtstr. 27.
Waldow, Geh. Baurat, Dresden N., Klarastraße 10.
Walter, M., Oberingenieur des Norddeutschen Lloyd, Bremen.
Warburg, Dr. E., Geh. Regierungsrat, Professor an der Universität Berlin.
Weber, Dr. M., Privatdozent an der Techn. Hochschule München.
Weinlig, O. F., Generaldirektor der Hüttenwerke Dillingen-Saar.
Wien, Dr. Max, Professor der Technischen Hochschule Danzig-Langfuhr.
Will, Dr., Professor, Direktor der Zentralstelle für wissenschaftl. techn. Untersuchungen Berlin-Grunewald, Druckerstraße 4.
Witt, Dr. Otto N., Geh. Regierungsrat, Professor der techn. Chemie an der Kgl. Techn. Hochschule Berlin.
Zervas, ✝ Bergwerksbesitzer, Köln a. Rh.

Verlag von R. Oldenbourg in München und Berlin W. 10.

Entwickelungsgeschichte Bayerns

Von

Dr. M. Doeberl,

Professor an der Universität München und am Kgl. Kadettenkorps.

Erster Band:

Von den ältesten Zeiten bis zum Westfälischen Frieden.

X u. 594 Seiten gr. 8°. Preis geh. M. 12.—, elegant geb. M. 13.50.

Zweiter Band:

Bis zur Gründung des Deutschen Reiches.

(In Vorbereitung.)

Die

Kunstdenkmäler des Königreiches Bayern

herausgegeben im Auftrage des

Kgl. Bayer. Staatsministeriums des Innern für Kirchen- und Schulangelegenheiten.

II. Band: Regierungsbezirk Oberpfalz und Regensburg

herausgegeben von

GEORG HAGER.

HEFT I, **Bezirksamt Roding,** VIII u. 232 S., gr. 8°, mit 11 Tafeln, 200 Abbildungen im Text und 1 Karte. Preis in Leinw. geb. M. 8.—.

HEFT II, **Bezirksamt Neunburg v. W.,** VI u. 95 S., gr. 8°, mit 2 Tafeln, 99 Abbildungen im Text und 1 Karte. Preis in Leinw. geb. M. 3.50.

HEFT III, **Bezirksamt Waldmünchen,** VI und 83 Seiten, gr. 8°, mit 1 Tafel, 65 Abbildungen im Text und 1 Karte. Preis in Leinw. geb. M. 3.50.

HEFT IV, **Bezirksamt Parsberg,** VI u. 267 S., gr. 8°, mit 13 Tafeln, 209 Abbildungen im Text und 1 Karte. Preis in Leinw. geb. M. 9.—.

HEFT V, **Bezirksamt Burglengenfeld,** VI u. 167 S., gr. 8°, mit 8 Tafeln, 127 Abbildungen im Text und 1 Karte. Preis in Leinw. geb. M. 7.—.

Weitere Hefte in Vorbereitung.

Wir machen darauf aufmerksam, daß bayerische Behörden und Ämter (Staats- und Gemeindebehörden, Kirchenbehörden etc.) die vorstehenden Publikationen bei direktem Bezug durch uns laut ministerieller Verfügung zu einem Vorzugspreis erhalten.

Politische Geographie

oder die

Geographie der Staaten, des Verkehres und des Krieges

Von

Friedrich Ratzel,

Professor der Geographie an der Universität zu Leipzig.

Zweite, vermehrte und verbesserte Auflage. Mit 40 Kartenskizzen.

XVII u. 838 Seiten gr. 8°. Preis brosch. M. 18.—, in Ganzleinen geb. M. 20.—.

Durch jede Buchhandlung zu beziehen.

www.ingramcontent.com/pod-product-compliance
Lightning Source LLC
Chambersburg PA
CBHW031446180326
41458CB00002B/662